360度全視角！

世界民族服飾
繪畫技法

歐洲／美洲／非洲／中東／亞洲

不同場景的
繪畫訣竅 **248**種

CONTENTS

PART 1 歐洲篇

PART 2 美洲篇

PART 3 非洲篇

PART 4　中東篇

PART 5　亞洲篇

▶ 前言 ◀

民族服裝本身就是世界的歷史。

各式各樣的服飾，經歷過不同地區的氣候、傳統、文化，

流傳至現代。

本書把世界各民族的服裝，大範圍區分為歐洲、美洲、非

洲、中東、亞洲，**以具魅力的彩色插圖，以及活用服裝特**

性的生動姿勢來介紹。同時也刊登了插畫家們詳細的「繪

畫要點解說」。希望各位透過本書，試著更加了解民族服

裝的細節。

也希望這些與人們密不可分、風格各異的傳統服飾，能激

發你創作的想像力！

不可不知的男女體型畫法

首先，先來認識一下穿著服裝時，「身體會有的特徵」吧！像是男性的肩膀看起來顯得方正、女性的腰會呈現圓弧形等，透過畫出男女不同的特徵，表現出穿著服裝時的差異性。

男性

想像頭部是「顛倒的蛋形」，稍微帶點稜角。脖子較粗，肩膀寬闊，腰圍相對狹窄。畫的時候留意用直線畫法，就能產生整體感。

女性

想像頭部是「顛倒的不倒翁」，有點圓弧形。脖子很細，肩膀狹窄，腰圍相對較寬。畫的時候留意用曲線畫法，就能產生整體感。

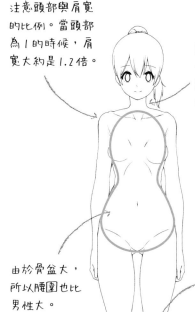

注意頭部與肩寬的比例，當頭部為1的時候，肩寬是1.2～1.8倍。

雖然脖子粗細和身上肌肉多寡有關，不過基本上脖子要畫得比女性粗。

腰部的位置比女性低。

手肘或膝蓋等處的關節比女性突出且明顯。

腳掌要畫得比較大，將重心放在腳跟上就會產生穩重的安定感。

注意頭部與肩寬的比例。當頭部為1的時候，肩寬大約是1.2倍。

雖然也和肌肉多寡有關，不過脖子基本上要畫得比男性細。

由於骨盆大，所以腰圍也比男性大。

把膝蓋的位置畫得比男性高，就能拉長膝蓋以下的部位，塑造女性苗條的輪廓。

腳掌要畫得比較小，將重心放在腳尖，就能帶出纖細輕盈的微妙感。

也可以用形變來看男女外型的差異

想像梯形的方正，畫出細微差別
將男性的骨骼想像成上半身是「倒梯形」，下半身是「梯形」，就能畫出特徵。

想像葫蘆形狀，畫出具圓弧感的細微差別
想像女性的體格從上半身到下半身呈現「葫蘆形」，就能畫出特徵。

不可不知的衣服皺摺畫法

除了注意人體穿上衣服後的特徵,別忘了做動作時也會產生皺摺。
先來掌握不同布料所產生的不同皺摺類型吧!

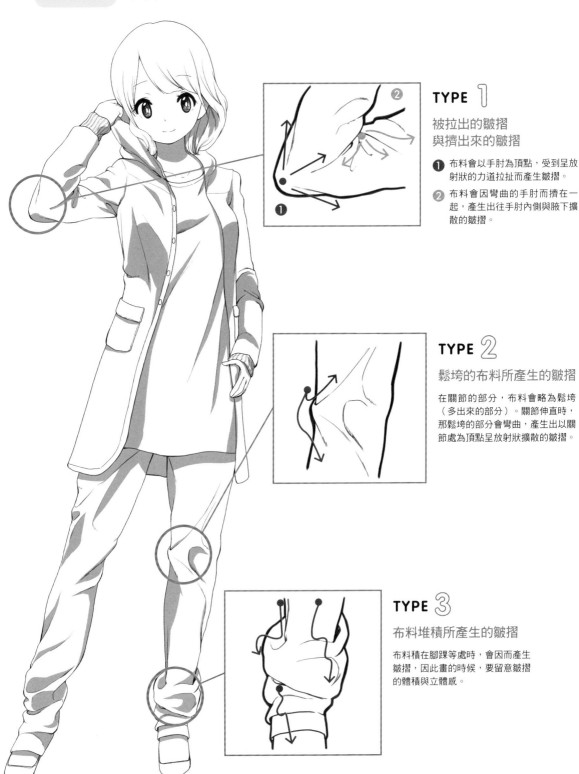

TYPE 1

被拉出的皺摺
與擠出來的皺摺

❶ 布料會以手肘為頂點,受到呈放射狀的力道拉扯而產生皺摺。

❷ 布料會因彎曲的手肘而擠在一起,產生出往手肘內側與腋下擴散的皺摺。

TYPE 2

鬆垮的布料所產生的皺摺

在關節的部分,布料會略為鬆垮(多出來的部分)。關節伸直時,那鬆垮的部分會彎曲,產生出以關節處為頂點呈放射狀擴散的皺摺。

TYPE 3

布料堆積所產生的皺摺

布料積在腳踝等處時,會因而產生皺摺,因此畫的時候,要留意皺摺的體積與立體感。

PART 1

歐洲篇

從富麗華美的法國宮廷服飾，到勇猛果敢的維京服飾，這裡將介紹許多由歐洲的悠久歷史中誕生的魅力服飾。

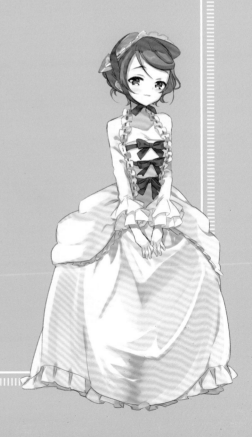

托加長袍

深受希臘文化的影響，是古羅馬人具象徵性的民族服裝

☑ **抓住胸口時，注意集中在那裡的皺摺**

抓住部分布料時，皺摺就會集中在該處。受到抓住之處拉扯，從脖子到胸口會產生橢圓形的皺摺。

☑ **畫皺摺時要留意服裝的整體感**

因為布料的方向是從身體右側出來之後披上左肩，所以會產生出大型斜向皺摺與陰影。畫的時候要留意到服裝的整體感。

☑ **加陰影時要充分了解服裝構造**

由於布料是重疊纏繞在身上，畫的時候要明白這一點。不要忘記在摺痕上加入陰影。

身分制度的證明 一件式的民族服裝

托加長袍是古羅馬市民的正式服裝，類似將弓形剪裁的布料裹在身上的希臘大長袍希瑪純（Himation）[1]。在稱為丘尼卡（Tunica）的短袖內搭襯衣外面披上長達5～6m的布，三分之一從左肩垂掛在前方，剩下的在前面做成綴摺[2]從背後通過右邊腋下，再披掛上左肩。托加長袍的特徵與身分制度息息相關。

平民穿的是沒有裝飾的未染色布料，貴族是紫紅色邊飾的白色布料，皇帝則穿著紫紅色基底加上金色邊飾的托加長袍，而且穿法也各有不同。上流階級有專屬奴隸來幫忙穿著複雜的托加長袍。從紀元前1世紀左右起，平民之間廢除了難以行動的托加長袍，變成將2件丘尼卡重疊的穿著方式。

※1「希臘大長袍」：古希臘人用1塊布做成的洋裝型上衣。　※2「綴摺」：布料下垂時產生的寬鬆皺摺。

🔴 其他角度

由於這是以白色為基調的簡單服裝，要花點心思讓它看起來不單調。加上皺摺流向時，要確實掌握住布料纏繞的結構。畫陰影時也要分別畫出深、中、淺的層次，帶出律動感。

【 側面 】

因為布掛在肩膀上，所以要彎曲紅邊的部分，顯示出肩膀線條。

讓髮尖翹起產生動感，畫的時候要注意讓整體由上往下。

左手抓住衣服，所以要加上放射狀的皺摺與陰影。

右腳只看得見一點點。把顏色塗得淡一些，可以產生遠近感。

下襬部分多出來的布料要畫得鬆弛些。

【 背面 】

左肩的布也會掛在手臂上。畫成摺疊狀可帶出立體感。

從脖子到肩胛骨，要畫出像橢圓一樣的皺摺。

左臂微微伸向前方，所以看不到。

由於是一整塊布，所以右半身會有斜向前方的陰影與皺摺。

混合能產生溫暖效果的暖色系

照在衣服上的光線色彩不要用純白，而是稍微偏黃的暖色系，如此一來就能產生溫暖效果。因為想呈現出柔軟的布料，所以要用乘法圖層（Multiple Layer）畫出很多皺摺。為皺摺上色時，也要混合偏黃的色彩，就能營造出整體的統一感。

基本動作

由於這是用一塊布折疊纏繞出來的服裝，一定會出現相當程度的長皺摺，雖然摺痕會集中在手抓住的地方，不過畫的時候不要忘記在披掛處加上一條偏長的皺摺。

【 彎腰 】

為了表現出布料重疊的位置關係，胸口部分的皺摺要加上較深的陰影。

因為是彎著腰，所以可以看到腰部線條，因此陰影線條要微彎，表現出立體感。

因為手放在膝蓋上，所以皺摺和陰影會集中在此處。手指稍微彎曲，可以讓人感受到膝蓋的線條，提升真實感。

由於雙腳打開，布面上會產生U字形的彎曲與橫向皺摺。

【 坐在椅子上 】

由於手臂稍微往上舉，衣服袖口會呈現一個弧度，產生空間感，此時要加上較深的陰影來增加立體感。

彎曲的膝蓋以白色部分為頂點，加入較長的斜向皺摺，接著加上淺、中、深三種層次的陰影之後就能帶出差異。

層層重疊的布料會在腰部產生空隙，所以加上較深的陰影就能提升立體感。立起的大腿會把布料往上推，腹部也會出現堆積的皺摺。

【 蹲姿 】

因為是往前蹲，所以從左肩斜向腹部的皺摺角度也會變得較為傾斜，畫的時候也不要忘記表現出重疊狀的鬆弛感。

由於這個蹲姿是立起左膝，所以會有沿著小腿骨的皺摺產生。

在沙發上畫出較大面積的亮面與陰影，就能營造出家具的質感並表現出其表面的光澤。

這裡被大腿和小腿肚夾著，同樣也會聚集皺摺與產生陰影。

●→ 應用篇

來畫一些悠閒自得的動作，表現
出古羅馬人優雅奔放的氣質吧！
長長的一片式服裝在不同的動作
下會產生大幅度的皺摺與陰影，
這部分一定要仔細畫出來。

【 舉杯 】

由於把手往上舉，布
料理所當然會連帶的
被提起，因而產生斜
向皺摺。同時，袖子
也會因重力而下垂。

因為雙腳張開，
所以會產生橫向的
皺摺，腿部線條也
較為明顯。

在布從背後纏繞到腹部側
邊的過程中，布會在右半
身產生鬆弛與皺摺，別忘
了畫上一層一層的皺摺來
增加立體感。

【 隨意躺臥 】

下方會出現大範圍
陰影。

因為腳張開了，布料
會陷入胯下的部分，
產生皺摺與陰影。

由於這是想像光線由上方照下
來的圖，臉的正中央會出現光
影的界線，頸部周圍的布料皺
摺也會因重力而往下掉。

蘇格蘭裙

以令人印象深刻的花呢格紋為特徵，是蘇格蘭人引以為傲的傳統服裝

CHECK POINT!

☑ **留意上衣的偏硬質感**

因為手肘彎曲，所以該處會出現皺摺與陰影。晚禮服風格的上衣布料偏硬，要大面積畫出陰影層次，就能表現出布料的質感。

☑ **給人強烈印象的格子花紋要配合動作改變角度**

蘇格蘭裙往往最令人印象深刻的便是上頭的格子花紋，當布料起伏時，改變花紋角度配合裙褶的構造更能塑造出真實感。

☑ **腳掌用有點不同的斜向格子花紋**

要注意襪子和裙子有一點不同，是傾斜的格子花紋，且花紋到腳掌時長度會變短，這部分得要仔細描繪。

誕生於北歐的傳統中，鮮豔的男性裙子

蘇格蘭男性的民族服裝——蘇格蘭裙，是用一片長約8m的花格布料製作而成。這塊布料前方平整，後面纏繞出一堆裙褶，用蘇格蘭大別針固定，再把剩下的布料披在肩上。因為穿著不易，所以演變至今，穿著簡單的裙子樣式成為主流。

腰部的小袋子（Sporran），日常會用皮製的，正式裝扮時則選用毛皮製品。傳統的蘇格蘭裙受到以前高地民族※（Highlander）使用短刀的影響，在右腳的襪子裡有時也會插上一把小刀。鞋子是叫做鏤空布洛克鞋（Ghillie Brogues）的綁帶黑皮鞋，鞋尖有雕花。這是以前為了在過河之後，可以一邊走一邊讓水從洞裡流出來所做的設計。

其他角度

硬挺的上衣,以及特徵是格子花紋的偏軟裙子,這是一款充滿衝突感的民族服裝。雖然裙子這樣的單品充滿女性特質,不過腰部與臀部等部位別忘了要維持男性的線條,這部分畫的時候要特別注意。

【 側面 】

因為手肘彎曲,所以會有皺摺聚集。手舉起來時袖口因重力下垂,稍微露出一截裡面的白襯衫。

髮型有點全部往後梳的感覺,因此頭髮線條要往後拉,如果讓髮尖翹起來更可以使插圖產生動態感。

縱向畫出陰影以看出裙摺。別忘了加入斜向的陰影就能看出臀部的線條。

【 背面 】

因為服裝偏硬,所以肩頭、腋下到上臂處會產生放射狀皺摺,由於手肘彎曲,所以這裡也會有皺摺。

腳尖呈八字形張開。由於左腳在前,所以只看得到一點點右腳的腳尖。

畫出背部的縫線。因為光線從正面過來,所以可以看見裡面的襯衫。

格子花紋隨著皺摺歪斜。

鞋帶延伸到腳踝。在鞋跟部分加入強烈的陰影,營造出質感與光澤感。

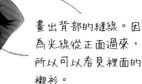

用陰影而非皺摺來表現立體感,以免遮掩了花紋

因為裙子和襪子都是格子花紋,為了讓畫面協調,統一採用同色系。接觸光源的那一面用偏高的彩度去描繪,可以營造花紋的立體感,此外,為了透過上色手法顯示出裙子的裙摺,要用乘法圖層加入縱向陰影。

如果是為了突顯出晚宴服風格的上衣面料,則要加上些許光澤感,由於整體都是寒色系的服裝,因此要在亮面上混入些許暖色系,製造出溫暖的感受。

基本動作

具有特色的格紋，會因姿勢不同線條也產生歪曲變化，因此畫的時候要注意。若是將花紋沿著身體線條變化，立體感便會更突顯。硬挺的上衣在動作的時候，把整件衣服想像成一個團塊來畫比較好。

【 彎腰 】

這是想像身體彎成「く」字形所畫出的姿勢。雖然臀部線條突出，但因為是男性，所以不要畫得太大。

小笨子（Sporran）放在胯下，格紋會因此歪曲。因為角度的關係，會看不到上衣右半邊的鈕釦。

放在腰上的手會稍微把布料提高，所以會產生縱向的皺摺。

裙襬處稍微露出內裡，可以表現出立體感。也不要忘記畫出裙摺的摺痕。

【 坐在椅子上 】

【 蹲姿 】

頸部的襯衫會因為往前蹲下而稍微下垂，產生斜向的皺摺與陰影。把陰影前端畫得銳利點，可以營造出筆挺的質感。

因為是張開大腿的姿勢，所以雙腿之間的布料會呈U字彎曲，格紋和皺摺也會跟著歪斜。小笨子（Sporran）也會垂掛在這裡。

放在扶手上的手臂是彎的，所以皺摺會集中。這時候，順著手臂的弧度來畫，就能產生真實感。

裙襬會因坐姿而垂墜在椅子上，加入能展現空間感的陰影，藉以表現出立體感。

因為腳踝彎曲，襪子的格紋也會歪曲。想像身體做出這動作時會有的彎曲角度來營造出差異感。

應用篇

表現出蘇格蘭地方人們開朗又勇猛的模樣吧！從傳統的高地舞蹈，到可以在慶典上看到的擲鉛球等，不妨挑戰看看，畫出這些裙子飄逸的生動姿勢。

【 跳高地舞蹈 ※ 】

因為雙手高舉，所以皺摺會集中在手肘內側和腋下。手掌稍微鬆開，營造出浮動感。

裙子因跳舞而搖擺，彷彿空氣從下吹起裙擺，裙摺也大膽地展開。

改變左腳與右腳的大小，拉出遠近。將亮面畫在膝蓋上，營造腳的真實感。

【 擲鉛球 】

鉛球的亮面是圓形的，用有點粗糙暗淡的色調表現出沉重的質感。

裙子因為旋轉，裙摺會大大展開。畫變形的格紋時，別忘了要讓格紋線條相連。

雙腳張開時稍微彎曲左腳，可以表現出安定感。

※「高地舞蹈」：蘇格蘭的傳統舞蹈。特色是配合蘇格蘭風笛，一邊舉起手臂一邊跳躍。

法國宮廷禮服

因著追求美感的心所設計出來的華美宮廷服飾

☑ **帽子像是放在頭上，而非戴著**

充滿女性韻味的荷葉邊帽，令人一看便印象深刻，要畫得像是輕輕放在頭上一樣，並用緞帶固定在頭上。

☑ **注意上半身的縱向荷葉邊**

從肩膀到腰部周圍，加上以縱向為特徵的荷葉邊。要配合布料的凹凸起伏，在皺摺裡加入細部陰影。還有，讓荷葉邊配合胸部起伏就可以帶出立體感。

☑ **有分量的裙子是關鍵**

這款服裝最大的特色就是飄逸的大澎裙。一邊留意裡面的骨架，一邊順著隨意擺出的動作，加入皺摺與陰影。

為了美麗，即使痛苦也在所不惜，風靡貴族的流行服裝

法國宮廷禮服風靡於富麗華美的18世紀法國宮廷中，在當時的歐洲蔚為風潮。像長袍一樣披著罩衣，袖口綴有稱為Engageantes的華麗蕾絲荷葉邊裝飾，並以稱為panier的鳥籠狀鐵絲襯裙※讓裙子大膽地蓬起，相對地，上身得穿著把腰身細細勒緊，並將胸部從下面往上擠的束腹。即使有人因為勒得太緊而昏倒或骨折，可惜當時就是那種扮柔弱就會受到稱讚的時代。另外，當時的貴族會在頭髮上撒麵粉，把白白的頭髮高高地豎起大為流行。據說法國大革命發生之前麵包不足的原因之一，就是貴族大量使用麵粉的緣故。

※「襯裙」：穿在裙子下面的女用貼身內衣。

其他角度

【側面】

緊束的上半身，以及放入骨架做成的獨特下半身。這套服裝充滿對比的設計給人一種夢幻般的視覺感受。畫下半身時要明確地想像著骨架來畫。

帽簷後側配合頭髮彎曲，荷葉邊也一起翹起。
從肩膀披下來的長袍，放在臀部蓬起來的部分上面層疊起來。

從胸口到腹部排列三個蝴蝶結，陰影的狀況會配合起伏產生變化，畫的時候要注意。

畫裙子的部分時，要想像內部骨架的形狀，迎光面的部分要特別注意。

【背面】

從上半身延續至臀部隆起處的布料會因為攏起的造型而產生皺摺。裙子圓弧狀的線條要仔細描繪。

因為後面的頭髮盤起，別忘了要順著形狀加上光澤。
從肩膀到腰部的荷葉邊會在頸部環繞一圈。皺摺是直的，畫的時候要注意。

上色的訣竅

畫洋裝要留意色彩鮮豔且有光澤感

想像整件洋裝都是有光澤感的材質。為了帶出光澤，要把陰影畫深，加強亮面的部分。因為蝴蝶結也有光澤，即使是深色也可以加上一些技法，像是在邊緣處加上淺色塊等。
雖然現在的蘿莉塔風便是深受此款服裝的影響，但不用黑色，而是用黃色或粉紅色來鮮豔地仔細上色，營造出華麗感。

➡ 基本動作

覆蓋腰部周圍的裙子，皺摺會隨著動作產生複雜的變化，所以畫的時候要特別留意，就算不做大動作，也可以靠裙子的皺摺塑造生動的氣氛，這便是宮廷服魅力所在。

手臂彎曲處會有皺摺，腹部的部分因為彎腰也會有陰影。提起裙子不僅會產生皺摺，裙襬一提，內部構造也看得十分清楚。

宮廷服具有相當分量，也會因坐姿不同而讓裙襬隆起，藉由放在上面的手畫出高低落差，表現出立體感。

裙子旁邊的部分會因為掛在椅子扶手上而隆起，並產生皺摺。另外，裙子隆起會拉高裙襬，稍微露出鞋子。

畫的時候要留意帽子上方的構造，亮面也要仔細描繪。此外，除了隆起的骨架之外，由於膝蓋彎曲，裙子也會因此蓬起。

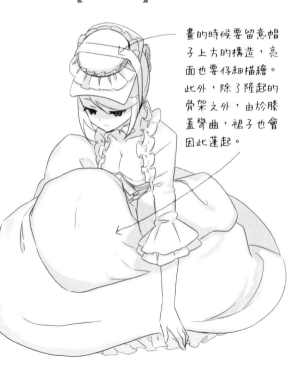

18

應用篇

時而大膽地露出腳、時而奔跑
……做出和淑女印象相反的動
作,會瞬間產生矛盾美感,看起
來更有魅力。

【 穿鞋 】

PART 1
歐洲

PART 2
美洲

PART 3
非洲

PART 4
中東

PART 5
亞洲

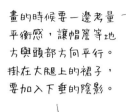

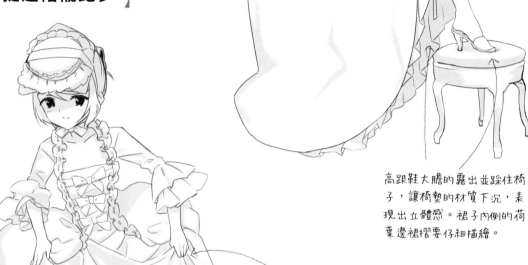

畫的時候要一邊考量
平衡感,讓帽簷等地
方與頭部方向平行。
掛在大腿上的裙子,
要加入下垂的陰影。

【 提起裙襬跑步 】

高跟鞋大膽的露出並踩住椅
子,讓椅墊的材質下沉,表
現出立體感。裙子內側的荷
葉邊裙摺要仔細描繪。

為了帶出跑步時的躍動
感,將整體畫成前傾的姿
勢。靠近手提著的部分的
皺摺要畫得很細,裙子前
面的皺摺則朝向手形成 U
字形。注意裙襬提起來之
後會露出裡面的襯布。

米尼奧塔

魅力在於顏色鮮豔與美麗刺繡的可愛洋裝

☑ **要留意披肩是粗糙※的布**

蓋在頭上的披肩要順著頭部線條,同時也要仔細畫出稍微露出的刺繡圖案。留意布的粗糙質感,讓亮面部分不要太過顯眼。

☑ **上半身是無袖的背心
請多加留意!**

上半身的構圖乍看之下像是結束在裙子上襬,但其實腰部藏在裙子下,畫的時候要注意先架構出人體骨架。衣服的圖案若朝向側邊,看起來會像束身衣一樣緊。

☑ **裙子的長度要能
看得見小腿**

這款服裝裙襬飄逸,並呈放射狀擴展,要畫出小腿的部分,營造出可愛感。此外,要畫出前面的圍裙「Avental」上花朵圖案的可愛刺繡。

由樸素且傳統的刺繡文化所衍生的可愛民族服裝

葡萄牙西北部米尼奧地區的人們尊崇傳統,時至今日仍在祭典上積極穿著民族服裝跳舞作樂。這是白色襯衫搭配裙子,在圍裙繡上鮮豔的羊毛刺繡的可愛服裝,原色繡花線是這個盛行牧羊地區的特產。

不僅如此,背心上更有串珠刺繡,蓋在頭上的披肩是有流蘇的華麗款式。這個地區以「情人們的手帕」這個罕見的風俗聞名,男性以「請幫我做一條手帕」來求婚,女性則在手帕上刺繡來答覆。這條手帕更在人們去世時蓋在臉上,充分表現出這個地區質樸的民族性。

※「粗糙」:霧面的質感,不具光澤度。

其他角度

在蓬蓬的裙子上加入大範圍的亮面來表現立體感吧！衣服上的刺繡要有傳統風格，並且配合動作起伏有所變化。

【 側面 】

胸口部分有金色的精細繩飾，要配合重力與胸口的起伏來畫。下半身的刺繡部分，若讓圍裙和裙子有不同的設計，可帶出層次分明的感覺。

披肩長度要畫到腰際，別忘了畫出具立體感的曲線。手腕部分的袖口上有細緻的刺繡也不能忘。

【 背面 】

披肩要配合頭部隆起的線條加上亮面與陰影，刺繡面積也要大，才能營造出可愛感。末端的流蘇更要仔細地畫。

袖子部分有寬鬆的蓬起。

裙子上加入白線與黑線交錯的線條，藉此產生層次感。

上色的訣竅

用鮮豔的原色與燦爛奪目的刺繡塑造華麗感

服裝上使用紅、黃、粉紅這些色彩鮮豔的原色。重點的刺繡部分要花時間仔細上色。設計刺繡時，要以花或常春藤等植物為基礎。
以寬鬆的袖口讓人印象深刻的襯衫，別看它這個樣子，其實質料偏硬，要畫上明確的陰影來表現質感。

→ 基本動作

動作時的披肩，要注意加入亮面與陰影的方式，才能明確看出身體線條。裙子在做出動作的時候，也不要破壞了可愛的圓弧狀外型。

【 彎腰 】

披肩掛在因彎腰而前傾的肩膀上，前端往下垂。臀部往後挺出去，配合裙子蓬起的部分隆起。

披肩的前端與胸前的繩飾會因重力而下垂，加上因為膝蓋部分彎曲，產生出亮面與陰影的界線，裙子長度也比站著的時候長。

【 坐在椅子上 】

披肩沒有垂向後方，而是放在肩膀上，營造出另一種質感。臀部的裙子疊放在椅子上，裙襬往下垂。

因為膝蓋沒有併攏，圍裙順著雙腿間隙垂下，因而出現皺摺。

【 蹲姿 】

披肩積在肩膀上。畫上陰影時要留意凹陷處。

由於雙腿併攏成內八形，會出現沿著腿部線條的皺摺。

膝蓋部分會往下垂，不過仍然殘留些許服裝的蓬鬆感，畫的時候要注意。臀部的裙子會堆在地上。

應用篇

讓我們來表現出南歐爽朗氣質的大膽舞蹈動作，或是可愛的隨意躺臥姿勢看看吧！這個服裝很適合動靜不同的舉止，來比較一下服裝上的皺摺與陰影的不同處吧！

【 舉起手臂的舞姿 】

要畫出披肩因離心力而飄逸展開的現象。

因為舉起手臂，雙手的部分會出現往上斜的皺摺與陰影。圍裙與裙子的部分生動地展開，因為離心力而拉直了的緣故，皺摺變得較少。

【 隨意躺臥 】

披肩會垂到背後，所以幾乎看不到。因為手放在腰上，和原本的蓬鬆感結合，形成較大的彎曲度。

畫出躺臥用的靠枕。

裙子堆疊在地上。加入皺摺與陰影時要配合凹陷處。

因為躺臥時屈起左腳，所以裙子鼓起來。

23

佛朗明哥洋裝

熱情之國西班牙既性感又富異國風情的洋裝

☑ **把頭髮牢牢固定在後面**

留海和兩側的部分畫成垂下的捲髮，後面的頭髮則是方便跳舞的形象，用玫瑰髮飾固定。

☑ **胸口要大膽敞開，塑造性感氛圍**

胸口大大敞開的設計，大膽露出肩膀與胸部的線條。此外，透過手臂部分的鏤空材質可以看見肌膚，這部分更要細心描繪。

☑ **仔細畫出決定魅力的大量荷葉邊**

下半身也是舞蹈的決勝關鍵，為了營造生動的動作，裙襬加上四層荷葉邊，還要有耐心地仔細描繪出皺摺與陰影。

繼承流浪民族「吉普賽」的哀愁與自豪的傳統服裝

起源自印度的流浪民族──吉普賽人，來到西班牙南部的安達盧西亞，受到原住民音樂與舞蹈的影響而發展出佛朗明哥舞，據說這就是佛朗明哥舞的起源（詳情未明）。當時的吉普賽人既窮又不受歡迎，他們將那股感慨與悲傷融入歌曲中，熱情地舞蹈。襯托出那樣的佛朗明哥舞蹈的，就是舞者們豔麗的服裝。

緊身洋裝的裙襬很長，裝上稱為Volante分量十足的荷葉邊。這片荷葉邊裙襬會因踏腳打拍子的佛朗明哥舞而波動起伏，將舞蹈襯托得更加激昂美麗。有時也會使用披肩或扇子之類的小道具，讓佛朗明哥舞變得更具異國情調。

━● 其他角度

上半身的衣服緊貼肌膚，因此要清楚地描繪出身體曲線，下半身最具魅力的荷葉邊皺摺要仔細地描繪。畫的時候，要一邊留意左右兩邊具高低差異的位置關係，一邊看著整體來畫。

【 側面 】

頭髮在後面固定成球狀。讓1～2撮頭髮翹出來，可以增加真實感。袖口的長荷葉邊要以放射狀展開。

雖然洋裝的顏色在腰部改變了，不過這還是一件連身洋裝。畫出裝飾的蝴蝶結以及隱約可見的右手手指等部位可以增加畫面完成感。

【 背面 】

固定頭髮的玫瑰髮飾，在背對的角度可以看見花瓣，所以要仔細地畫。

荷葉邊起始的位置左右不同，皺摺和陰影也會有高低差異。

腰部的洋裝很合身，所以會有橫向的皺摺和陰影。臀部也會露出身體曲線，要加上陰影以看出起伏。

從縫隙露出的鞋子要畫成有跟的款式。

上色的訣竅

掌握「荷葉邊」的形狀，耐心上色

要掌握住裙子荷葉邊的陰影，耐心地加以上色。這次的設計是在裙子上加入蕾絲條，所以這部分也要仔細上色。
上半身的身體線條很明顯，所以要沿著身體曲線畫出皺摺，用較淺的陰影表現起伏。上色時再畫上手臂的蕾絲。

━● 基本動作

這個袖子與裙子是以大膽的動作為構想所設計出來的。若是加上一些動作，請仔細觀察之後再畫上適合的皺摺跟陰影吧！細緻的表現會成為產生強烈真實感的要素。

【 彎腰 】

彎腰時要強調臀部的線條。因為裙子裡的左腳往前伸，所以左邊的亮面要比右邊多，而且看得到腳尖。

袖口因手臂彎曲而展開，要把裡面露出的部分畫出來。
彎腰的姿勢會強調胸部，所以畫的時候要留意線條起伏。

【 坐在椅子上 】

坐在椅子上之後，裙子的蓬鬆度會稍微降低。

因為手肘有點彎曲，所以手肘內側會產生皺摺。腰部的蝴蝶結裝飾會因重力而下垂。

【 蹲姿 】

手臂伸直不彎曲，所以會產生宛如順著手臂的皺摺。此外，因為膝蓋彎曲，荷葉邊的皺摺會大大展開。這裡也要仔細地描繪。

背部的服裝很貼身，所以會產生具立體感的橫向皺摺。
裙子後面的裙擺會碰到地面。

裙子後面的裙擺稍微碰到地面。

應用篇

把展現出佛朗明哥洋裝真正價值的舞蹈,用不一樣的姿勢來表現。要仔細地描繪充滿躍動感的裙子與荷葉邊。

【 舉起單手與單腳 】

舉起右手,胸部就會出現往上的皺摺。腰部也因抬起的右腳而產生皺摺。

氣勢十足地抬起膝蓋,荷葉邊因此掀開,也能看到裡面的襯裡。

【 擺出抓起裙子一端的姿勢 】

腰部的蝴蝶結裝飾會因撩起的裙子而稍微被拉起。

因為抬起右腳,露出了裙子的襯裡。把荷葉邊以仰角角度來畫較好。

由於裙子被手拉起來的時候,同時也是往左邊拉,所以要注意會產生橫向的皺摺。

飄逸的裙擺以宛如畫出S字形的方式表現。此外,畫荷葉邊時稍微將皺摺拉平,可以塑造躍動感。

27

維京服裝

追求肥沃大地，驅策海上的戰士們所穿的戰鬥裝束

☑ **頭盔的光澤感**

帶角的金屬製頭盔，可說是維京人的註冊商標。為了營造出金屬的光澤，要加上偏強且明確的亮面。

☑ **注意披在身上的毛皮質感**

在北歐過於嚴酷的氣候中保護身體的毛皮披風。加上細細的線條與陰影，可以表現出厚厚的蓬鬆質感。

☑ **讓繩子陷進去，塑造毛皮靴子的立體感**

毛皮的靴子是用繩子綁住固定的。繩子中途被毛皮的毛蓋住，可表現出繩子陷進去的感覺，藉以呈現立體感。

渡海的魁梧戰士所穿著的，是英勇作戰的英雄的證明

8～12世紀時，住在斯堪地那維亞地區的維京人，是運用高度航海技術與造船技術，尋求豐饒的土地，並持續交易與侵略的民族。雖然海盜的形象很強烈，不過主要是靠農業、漁業與手工業維生。航海時的裝扮是以護鼻擋板為特徵的帶角頭盔，身上穿著鎖子甲，手拿具破壞力的斧頭與盾，有時身上還會穿掠奪時搶來的毛皮戰利品等。

使用可揚帆、可划水的細長船隻（維京長船），在海上或淺河中都能神出鬼沒。在北歐航海時，有時會因永晝連北極星都看不見，所以船上有會使用測定太陽高度的工具的天文專家同船。

→ 其他角度

想像帶有暖色的光來上色，可以塑造出人物的活潑形象，同時也可以產生整體感。
不同的材質交雜是魅力之一，所以要改變光的射入方式，表現出材質的不同之處。

【側面】

可愛的紅髮辮子要配合肩膀與胸口的起伏彎曲並下垂。加上細細的亮面，帶出光澤感。

因為頭往左傾，所以角的位置也要有高低差異。亮面要順著頭形彎曲。

因為這個角度是從旁邊看張開的雙手，所以前面和後面的手要有些許大小差異，這樣就能增加真實感。不要忘記毛皮遮住所產生的陰影。

毛皮內側用漸層表現明暗。

頸部周圍幾乎都被毛皮遮住。畫的時候要想像身體的位置關係，注意不要破壞頭身比例的平衡。

【背面】

陰影和亮面的形狀要像起毛一樣畫得細細的，就能表現出毛皮的質感。在中間變細的部分與下擺加入偏強的陰影，營造出凹凸與圓弧狀的感覺。

因為手臂的彎曲狀況，盾看起來會像是直立的橢圓形。

上色 的訣竅

上色時要明確掌握住不同質感的材質特徵

畫的時候，要確實留意各種質感的特徵。在金屬部分，要多多加入直線且偏強的亮面來表現光澤感；在木製的部分，用朝單一方向的木紋與緩和的漸層色調，帶出堅硬與柔和感；在毛皮部分，用有圓弧感的漸層色調與細線條表現出厚厚的蓬鬆感。

━● 基本動作

辮子和厚披風是會在插畫中產生動感的服裝打扮。
一邊留意立體感一邊大膽地動作吧！要多下點工夫在布、頭盔與鎖子甲等硬度不同的材質上加入亮面。

【 彎腰 】

手叉在腰上，所以上臂和肩膀會往上抬。披在肩膀上的毛皮披風也會往上隆起。抵在腰上的拳頭，會在腰部製造陰影。

用陰影區分出手背與手掌。因為上臂往上提，所以衣服袖子也跟著往上，產生皺摺。

辮子因重力而下垂。因為這是有點逆光的角度，所以蓬鬆地展開的披風內側會有陰影。

腳踝要畫在頭部的正下方，如此一來重心就會穩固，產生安定感與真實感。

【 坐在椅子上 】

在頭部後面的披風上加上頭盔的陰影。披風本身往下垂，接觸手肘與扶手的地方會產生較深的陰影。

把手靠在大腿上，可以塑造出威風凜凜的視覺感受。因為背部稍微彎曲，所以辮子順著胸口下垂。

毛皮下擺碰到地面。因為資料具有彈性，所以肩膀與地面之間會延展開來，在身體之間產生出空間。

【 蹲姿 】

因為手臂往上舉，所以會出現從腋下往上的皺摺。辮子因為胸口的起伏，所以有部分貼著胸口然後下垂，與腹部之間也會產生空間。

位在最前方的右腳，要畫得比平常還大一些，這樣可以產生遠近，提升真實感。

把左右大腿的位置畫得稍微有點不同，就能因服裝的皺摺而產生動感。膝蓋後方因夾住衣服而出現皺摺。

30

應用篇

要表現出維京人亦為戰鬥民族的活潑感，生動的姿勢也不可少。這時候，不要過度拘泥於細部，要時常留意整體平衡來作畫，就能在完成圖中產生差異。

【 奔跑 】

因為是往外跑的姿勢，所以在畫面前方的腳和盾要畫得比較大。讓毛皮披風大膽地飄起來。

由於舉起雙手，所以腋下的衣服會比較寬鬆。讓辮子呈「く」字形大大彎曲，可以產生躍動感。

用力握拳。手臂往上舉，肩膀與披風也會往上拉提，兩物之間的空間感會更加突顯，衣服的袖口會稍微下垂。

這是回頭看的姿勢，所以會扭轉上半身，稍微看得見一點皮帶頭。留意皺摺，以顯示出臀部線條。

【 舉起武器 】

讓辮子和披風做出生動的動作，營造出躍動感。由於視線是往上看著武器，所以下巴要稍微抬高。

右腳往前伸可製造出魄力。左腳縮向畫面後方，營造出踩踏的感覺就能產生安定感。

31

☑ 將皮草畫成大大的圓形

將帽子上的皮草大膽地畫成兩圈以上的大小，就可以取得整體平衡。為了表現出毛皮蓬鬆的模樣，輪廓線要有起毛的樣子，並加上小小的陰影。

☑ 圖案要色彩繽紛

使用動物皮革做成的厚重上衣，以黑色、紫色或棕色為底色。搭配的圖案要使用原色，畫出繽紛的色調。

☑ 鞋子要和上衣的顏色一致

畫鞋子的圖案時也要配合上衣的顏色。從鞋尖到鞋跟的皮草也要仔細地畫。

帕尼

服裝上使用許多皮草，能度過俄羅斯嚴寒氣候的彩色禦寒裝

在嚴寒中保護身體健壯成長的傳統服裝

住在西伯利亞西北部的涅涅茨人，是在極度乾燥與酷寒中以遊牧馴鹿為生的民族。人們為了在寒冷中保護身體，大量以毛皮、鳥皮、魚皮、海洋哺乳動物的腸子等做成衣服，並從很久以前就用錐子與針作為工具來替衣服進行加工。

女性所穿著的服裝稱為帕尼，是用馴鹿毛皮做成，像大衣一樣的衣服。帽子和下襬用海獺或狐狸的毛皮鑲邊，脖子用狐狸尾巴纏起來，防止外面的空氣入侵。靴子也是用馴鹿皮做的。晴天時，女性會佩戴金屬裝飾板、鈴鐺或玻璃珠等物品，尤其著重在帽子裝飾上，往往會加上色彩鮮豔的細長布條，或是會發出聲音的金屬飾品等物。

➤ 其他角度

特徵是看起來相當臃腫的厚布料，以及彩色的幾何圖案。要確實畫出配合動作彎曲的圖案。

【 側面 】

頭後方裝飾了好幾條彩色的細長布條。

纏在頸部的圍巾，在下巴那裡要畫出因往內折而有的厚重感，並往下垂到腹部一帶。
大衣的下襬要配合皮草的起伏彎曲。

【 背面 】

除了側面也看得見的布飾之外，這個角度也看得見帽子的幾何圖案，畫的時候要留意細部的立體感。帽緣畫成倒三角形。

隱約看得見手肘內側，皺摺會因手臂彎曲而集中在此處，畫的時候要配合陰影。

背部有金屬飾品從頸部垂掛下來，要仔細地畫。此外，鞋子的皮草要加入陰影，顯示立體感。

看得見提起的左腳腳底，用漸層表現立體感。

上色 的訣竅

要注意層次分明的配色，以及局部加入陰影

上衣材質的配色要選擇沉穩的色調，反之，幾何圖案與線狀圖案就要以彩色來上色。畫頭、手腕與裙子等處的皮草時，要用心帶出長毛的蓬鬆感。
手臂與上衣部分要畫出布料厚厚的質感，加上漸層色調更可以表現出立體感。

⟶ 基本動作

這款服裝以厚實的皮革質地為基底，再加上許多皮草，所以幾乎不會露出身體線條。即便如此，因為皮草會配合動作而鼓起，所以若能充分掌握住那微妙的變化，就能使完稿更為出色。

纏在頸部的圍巾，在下巴那裡畫出往內折所產生的厚實感，並往下垂到腹部一帶。大衣的下襬要配合皮草的起伏彎曲。

【 彎 腰 】

雖然這是不太容易露出身體線條的服裝，不過彎腰時還是會稍微出現一點腰部的線條，因此要留意將衣服的弧度，畫得像是從後面繞過來似地，如此就能產生立體感。

【 坐在椅子上 】

這樣的動作十分有氣勢，所以也會帶動圍巾的飄逸感。把整體外型想像成三角形，就能取得平衡。

大衣與腰間的繩子要畫得像是順著大腿往下垂。此外，因為腳抬起來，所以皮草也會往上隆起，鞋底也因此會顯露於畫面中。

彎曲的手放在膝蓋上。不要忘記在夾於其中的圍巾上加陰影。

【 蹲 姿 】

大衣會順著因膝蓋彎曲隆起的皮草而產生皺摺。

➜ 應用篇

畫動作時，若加上和涅涅茨人一起生活的動物，就能形成異國風情的印象。藉由明確地畫上大範圍的陰影來表現服裝的分量。

【 牽引家畜 】

整體重心稍微往前，有一點前傾的感覺。表情也要畫得像是在用カー樣。

家畜的頭往上抬，畫得像是稍微抵抗一樣，就能在整體上產生動感。

拉著家畜的右手在後方，拿著繩圈的左手在前面，做出前後的動作。

【 撫摸家畜 】

想像每天都和家畜接觸的情況，將表情畫得開朗些。

將這個地區特有的馴鹿畫成家畜，和服裝互相搭配，就能一下子增加真實感。

由於是彎曲膝蓋蹲下，所以會出現大腿線條。皮草和腰間繩子的裝飾會碰到地面。

\ 身上攜帶的物品也要注意！/

民族服裝的裝飾品

最能襯托出民族服裝異國情調的，就屬細緻的裝飾品了。
這裡介紹反映出每種服裝所擁有的文化，以及其具有特色的裝飾品。

蘇格蘭小袋子（Sporran）

具有放小物品功能的小袋子。種類繁多，從使用方便的皮製品，到蘇格蘭傳統正式服裝的毛皮製品都有。

蘇格蘭裙
（刊載於P.12）

納瓦霍服
（刊載於P.42）

蘇格蘭短劍（Sgian Dubh）

原本是為了防身所準備的短劍。
傳統做法是插在襪子裡，現在則當做是飾品的一部分。

土耳其石與銀飾

土耳其石代表「天空」，銀代表「水」，納瓦霍族基本上都會在身上戴著這土耳其石的銀飾品。

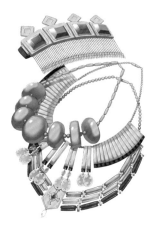

摩洛哥長衫
（Takchita，刊載於P.64）

維京服裝
（刊載於P.28）

寬斧與圓盾

維京人為了守護生活而驅策海上，常常與其他民族戰鬥。他們經常使用重且攻擊力高的寬斧，以及將木材鑲上金屬框的圓盾。

柏柏人的金屬工藝品

穿著摩洛哥長衫的柏柏人，住在深受埃及影響的摩洛哥。他們的裝飾品，有用琺瑯做出圖案的銀質線條工藝品，以及玻璃珠等特徵。

PART 2

美洲篇

奔馳在廣闊的美洲大陸上，許多民族自豪的民族服裝。現在就來看看這些反映出生活智慧與濃厚民族傳統的裝扮。

印地安洋裝

不斷與時俱進的狩獵民族「阿帕契族」的註冊商標

☑ **整齊的辮子是重點**

要注意把頭髮編成整齊的辮子，沒有頭髮翹出來。不光如此，辮子也要加入細微的光澤，塑造出光潤感。

☑ **留意材質的質感，亮面不要太明顯**

為了帶出披肩的「皮革」感，不要加入太多白色的光澤。在各處加入稍微深一點的小小斜線，可以營造出材質的厚實感。

展現出狩獵民族的驕傲，皮製的傳統洋裝

從歐洲人尚未來到之前就住在北美洲的印地安人祖先，是在大陸相連時代就從亞洲移居過來的蒙古人種。居住在北美大陸西南部的阿帕契族，穿著用鹿或駝鹿的皮所做成的洋裝。長長的穗頭※與彩穗是皮製一片裙與鞣皮流蘇披肩的最大特徵，長長的莫卡辛靴是為了保護自己免受蛇或仙人掌的傷害。

當時由於英國人的侵略愈演愈烈，連狩獵生活都受到限制，於是廢除了皮製洋裝，變成穿著用布做成的維多利亞時代洋裝。傳統的二件式皮洋裝變成了祭祀時才穿的特別服裝，時至今日仍傳承給子孫們。

※「穗頭」：以細線或細繩垂掛的裝飾。

─● 其他角度

這套服裝重點在於要表現出皮革特有的重量感。皮質流蘇的線條，以及細部的描繪也要細心地畫。沿著背部線條加上陰影也是必須注意的地方。

【 側面 】

畫頭髮的時候要留意頭髮梳整的方向。辮子開始編的位置在耳後。

肩膀等處有裝飾。畫流蘇時要留意重力。

為了塑造出寬鬆的感覺，皺摺畫得平緩些。

【 背面 】

因為想讓辮子看起來編得很紮實，所以從根部開始就要畫得很細。

留意肩胛骨，整個背部都要上陰影。

畫出平緩的皺摺，以肩膀到背部為中心，再順著腰部畫下去。

皮質流蘇要留意營造重量感，從手臂的位置往下垂掛。

留意材料的質感
畫出不帶光澤的色調

由於整體都是皮革材質，所以上色時要留意粗糙的觸感等。最後潤飾要像和紙一樣將粗糙的質地重疊起來，這也是重點。陰影的顏色要使用乘法圖層，塗上和布料顏色稍微錯開的色調。捲曲的皮革流蘇裝飾要一個一個仔細加上陰影，強調材質感。

→ 基本動作

在各種不同的姿勢中,要如何為
服裝加上皺摺是要領。特別注意
垂墜的流蘇與辮子的處理方法。

【 彎腰 】

若從正面來看,
要留意頭、肩、
腳的順序。

因為沒有東西擋
住,所以會因重
量而往下垂。

膝蓋後面要畫上
細小的皺摺。

雖然腳尖用力,
但不要讓腳跟
翹起來。

【 坐在椅子上 】

留意頭髮的位置關
係,要留意垂掛在
肩膀或胸口的哪個
位置。

飾品也要順著
身體畫。

衣服要畫得比
身體線條寬
鬆。

寬鬆的皺摺會
集中在腿部彎
曲的地方。

【 蹲姿 】

頭部直接往前傾的時候,
頭頂看起來會很寬。

彎曲腿部之後,
裙子會被膝蓋撐
開,露出清楚的
臀部線條。

雖然有裙子遮住,
仍要留意腳與地面
的關係。

應用篇

因為這是狩獵民族「阿帕契族」的傳統服裝，設計符合該民族的大動作會很有魅力。要注意服裝隨著大膽的姿勢擺動方向也會有所不同。

【 拉弓 】

連扣住箭羽的手指也要留意。

因為肩膀和手臂施力，所以肩膀周圍的肌肉要畫得很結實。

裝飾品和頭髮等要畫得像是往後飄動。

因為張開雙腿，所以膝蓋會撐開裙子。

【 跳躍 】

手自然舉起之後，就會帶起生動的動作。

頭髮和流蘇裝飾也會生動地躍起。

在腳彎曲的地方加上皺摺。

納瓦霍服

融合了不同的文化，「納瓦霍族」的傳統服裝

傳統圖案是重點！
鮮豔的飾品也很有特色

北美洲西南部的印地安・納瓦霍族，從鄰近的普維布洛村落學到紡織技術，從西班牙人那學到牧羊技術，跟墨西哥人學到銀的加工技術，他們繼承各種技術，形成自己獨特的文化。其中納瓦霍織品現在更是流通市面的高價工藝品。稱為毛織洋裝的納瓦霍服，其實只是單純將兩片手織布重疊而成。

本體為黑色或深藍色，在肩膀與下襬織入紅色的納瓦霍傳統圖案。鞋子是用從底部延伸的長皮革纏繞腿部的莫卡辛鞋。對納瓦霍人而言，銀和土耳其石代表水與天空之意。他們重用這二者組合而成的流行飾品，在身上佩戴大量項鍊、手環或鈕釦。

CHECK POINT!

☑ **頭髮要梳往後方，綁在後面**
因為頭髮固定在後面，所以畫頭髮時要往綁住的地方（後方）梳整。

☑ **要注意腰部四周用腰帶束出的皺摺**
由於服裝的腰部用腰帶繫住，要畫出因繫上腰帶而擠出的微妙差異。

☑ **留意鞋子柔軟的質感**
畫鞋子時要留意莫卡辛鞋的柔軟度。因為重心放在一隻腳上，另一隻腳呈現不施力的狀態。

━● 其他角度

畫陰影與皺摺時，要留意清爽柔軟的布料質感，同時也要仔細畫出獨特的幾何圖案，以及偏大的飾品。

【 側面 】

頭髮線條要集中在繫緊的地方。

肩膀的袖口較短，所以會露出一些腋下的肌膚。

注意手臂與身體的距離與指尖的動作。

畫出服裝的開衩。

【 背面 】

要留意整齊綁起的頭髮角度與頸部頭髮的方向。

因為緊緊束著腰帶，腰部位置的布料會層層堆疊或產生深深的皺摺。

臀部隆起的部分下方要加上陰影。

配合姿勢，留意腳尖的方向。

上色 的訣竅

上色時要留意皺摺
要塗上令人印象深刻的鮮紅色

為了塑造出布料清爽柔軟的天鵝絨觸感，上色時要留意線條朝向下襬的平緩皺摺。腰帶上的銀飾會隨著身體而改變方向，所以訣竅是心裡要一邊想像整體的陰影，一邊描繪細部。服裝上特有的紅色圖騰，要選用鮮明的紅色來給人產生強烈的印象。

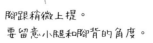

➡ 基本動作

這種類型的服裝比較能清楚看見手臂和腳等身體部位,所以畫基本動作時要注意身體平衡。即使布料不多,也要確實畫出皺摺以看出動作。

【 彎腰 】

要注意耳朵的角度等容易忽略的細部位置。

畫的時候將肩膀稍微往上抬,手掌用力,動作就會自然得多。

服裝會因重力而比胸口的形狀多少再蓬鬆一些。飾品等也會隨著重力下垂。

【 坐在椅子上 】

頸部後方的領子也要清楚地畫出來。

注意雙手的位置關係。
若手臂與腹部之間形成空間,畫面更顯立體。

支撐全身重量的腳要牢牢踩著地面。

【 蹲姿 】

能清楚看到盤在頭頂上的頭髮。

胸口的布料因蹲姿而稍稍觸碰到膝蓋,略顯鬆垮感。

布料受到膝蓋和臀部的拉扯,所以裙子上要畫出偏長的皺摺。

因為這姿勢,大片的裙擺會自然垂下。

想讓腳的擺放方式具有動感,要注意腳踝位置的平衡。

腳跟稍微上提。要留意小腿和腳背的角度。

應用篇

納瓦霍服動靜皆宜，準確地掌握住身體的動作，反映在服裝上吧！用裝飾品來突顯動作，也是畫面上不可或缺的要素！

髮絲因風而往後飄，可加上隨意的擺動。

手臂連同肩膀往前擺，另一邊的手臂往後拉。

【 奔跑 】

腰帶往後飛。空氣從裙子下方進入，要留意裙子有往後扯的線條。

露出鞋底，可以帶出奔跑的氣勢。

【 吹長笛 】

稍微閉上眼睛，畫出陶醉在音樂中的表情。

明確掌握住笛子按孔的位置，畫上手指按壓的模樣。

在手臂與身體之間稍微留出一些空間，可以產生舒適自然的印象。

畫出臀部往膝蓋拉的線條。

高卓式牛仔裝

象徵阿根廷的「英雄」的傳統牛仔服裝

CHECK POINT！

☑ **留意帽子的立體感**

為了使帽簷的形狀好看，畫的時候要留意平緩的曲線。內側部分也要好好畫出來。在帽簷邊緣加上細細的反光處，就能變得更為立體。

☑ **畫出平緩的皺摺，營造襯衫的柔軟質感**

為了營造出襯衫布料的柔軟質感，要用平緩的線條畫出皺摺。在手肘處加入緩緩扭轉似的皺摺吧！

☑ **分別畫出靴子和褲子，皺摺也要仔細畫**

因為褲子塞在靴子裡面，所以布料會堆積在靴子上方。接著一邊留意布料扭轉的狀況，一邊畫出從胯下往膝蓋延伸的皺摺，同時不要忘記表現出膝蓋突出的樣子。

讓住在草原上的男人們能方便活動的工作服

在阿根廷廣大的彭巴草原上，從16世紀左右開始傳入牛隻，追捕那些野生牛群的，就是高卓男子。對阿根廷人而言，高卓等於是「英雄」的同義詞，是勇敢又有深厚友情的人物象徵。

捲起襯衫袖子，穿著及腰背心與寬鬆的長褲Bonbacha，腳上踩著皮製的手風琴狀靴子，腰上束著布腰帶，皮帶鑲有銀幣或銀製品等，這是受到從前在馬上生活的高卓人把全部財產都放在身上所留下的影響。而且，這條皮帶上經常插著高卓人的寶物法空尼刀（Facones），令人感受到從事嚴酷工作的男人們的氣概。

━● 其他角度

要確實畫出輕盈的襯衫布料,以及厚厚的帽子、背心和靴子。要用心留意不同配件的空間表現,也要仔細畫出具特色的裝飾品。

【 側面 】

由於頭部傾斜,所以可以看到一點帽子上緣的部分。

胸口和領巾之間有少許空間,所以要加上領巾的陰影。

留意背心的外型,同時注意背部線條。

從身體正面看過來時,要留意手在前面、手肘在後面,並注意角度和皺摺的方向。

【 背面 】

身體從背部開始到腰部的位置有傾斜的狀況,因此陰影顏色也會有所改變。

順著背心的動向配置金屬部分。

摺在靴子上方的層層布料要畫得像是蓋在靴子上一樣。

重心所在的腳,要在臀部下方加入細小的皺摺。

畫輕盈的材質時,不要疊太多顏色

襯衫或領巾等材質輕盈的布料上色手法要輕快,不要厚厚地疊一堆顏色上去,才能表現出清爽的感覺。沿著皺摺的方向整體加上陰影,背心邊緣也要仔細上色以營造出厚度。還要留意服裝與肌膚的關係,為了使畫面協調,與肌膚接觸的部分也要稍微包含一些皮膚的顏色。

● 基本動作

穿著高卓式牛仔服裝時，通常在動作表現方面會更為活躍。由於是男性服裝，動作也較為不羈，一邊注意角度與皺摺，一邊小心地構圖吧！

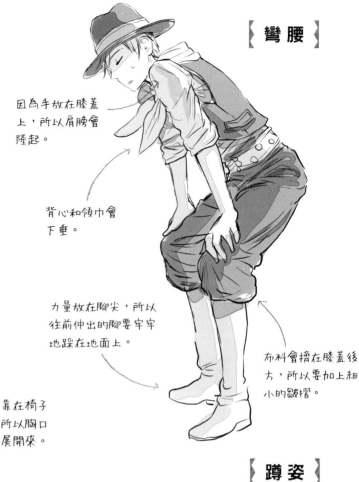

【 彎腰 】

因為手放在膝蓋上，所以肩膀會隆起。

背心和領巾會下垂。

力量放在腳尖，所以往前伸出的腳要牢牢地踩在地面上。

布料會擠在膝蓋後方，所以要加上細小的皺摺。

【 坐在椅子上 】

靠在椅子上、手臂下方的襯衫要畫上細小的皺摺。

因為靠在椅子上，所以胸口會伸展開來。

從臀部到膝蓋之間要畫上大範圍的皺摺。

布料會擠在右腳膝蓋後方，所以要加入細小的皺摺。

【 蹲姿 】

右手放鬆，輕輕靠在腿上。
由於左手支撐著下巴的重量，要畫得像稍微施力的樣子。

領巾輕輕地垂下來。

膝蓋到膝蓋後方加入皺摺。

因為重心放在左腳，所以稍微讓右腳跟提起來會比較自然。

應用篇

高卓人的工作是以馬或牛等住在草原地帶的動物為中心。在應用篇中，主要目的是表現出高卓人充滿生活感的畫面，並展現出服裝的自然動感。

【 靠著馬匹 】

把手叉在腰上，塑造休閒感。

身體右側施力，另一側放鬆。

稍微扭起右側腰部，記得帶出一點角度，讓畫面看起來更為愜意自然。

留意馬與人物的距離。腳要離馬遠一點。

【 牽引馬匹 】

手臂伸向家畜的方向，因為是正在拉扯的動作，所以手要稍微往前。

往前跨出的腳，胯下到大腿間會產生大面積的皺摺。

使勁踏穩的腳，整個腳掌都要踩在地面上。

西部英雄的帽子和皮衣是重點

美式牛仔裝

☑ 帽子是西部牛仔的
註冊商標,
要好好戴在頭上

左右往上翹起是此款帽子的特徵。如果帽子比頭小,注意帽子就只會像是放在頭上一樣,而且不要在意頭髮,只要留心讓帽子戴在頭上即可。

☑ 要注意不同質感的布料

要仔細研究不同質地的布料之各種畫法。在皺摺方面,偏硬的背心比較少,偏軟的襯衫則要加入比較多的皺摺。從襯衫鈕釦處自然延伸出去的皺摺更不可少。

☑ 要畫上皮製的雙層長褲

皮質雙層長褲偏硬,為了帶出質感,皺摺要畫得比較少,並加強陰影,留意曲線。

男人嚮往的服裝,以「有效率的設計」為中心主旨的基本工作服

當年西班牙人以墨西哥為據點,將西部～中西部野生化的牛群聚集起來並移送至他處,這便是牛仔的起源。陪著牛仔們度過這趟「長途驅趕」嚴酷旅程的,就是這一身服裝。帽簷寬大的牛仔帽是為了遮陽擋雨,袖子與衣襬的穗帶則擔任除水的功能,能讓雨水不積留在衣服上,造成衣物腐爛。此外,穿在牛仔褲外,稱為皮製護腿褲(Chaps)的皮製雙層長褲,則是在騎馬時保護腳用的;靴子的鞋跟是為了能牢牢卡在馬鐙上。美式牛仔裝是為了在嚴苛的自然中進行長期旅行的男人們所設計,是一款有卓越的機能性與安全性的工作服。

● 其他角度

畫機能性高且複雜的皮褲時,要確實掌握住它和哪些地方連動。穗帶也要仔細畫上陰影,畫線時也要留意不同材質的質感。

【 側面 】

為了和正面相比時不要出現位移,配置眼、鼻、口時要有高低差。

帽簷側邊翹起,所以要在耳朵上方確實畫出波浪形。

把背心畫得稍微寬鬆,要比皮帶還寬。

失明白配件的位置,再配置每一樣配件。

【 背面 】

畫出髮量,以明確顯露出後腦勺的圓弧形。

因為背心很寬大,所以背心和皮帶中心要稍微錯開。

確實掌握住服飾設計的意義,畫上固定的別鈕。

下擺的布料會展開。

若要表現出衣物質感 畫上亮處的方法是重點

為了讓布看起來有柔軟感,畫皺摺的同時,上色也要留意層次感。畫金屬時,要把亮面加在陰影旁邊,表現出金屬特有的反光現象。

因為皮革的皺摺呈圓弧狀,所以一邊畫上明暗差異,一邊在中心加上亮面,就能表現出皮質亮面的質感。為了帶出每個部位的立體感,要想著圓柱的形狀,在面光處沿著主要線條加上亮面。此外,形成陰影的另一邊也會有反射的光澤,所以承受光源的皮革顏色要畫得稍微亮一點。

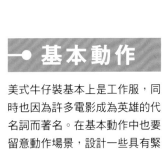

基本動作

美式牛仔裝基本上是工作服，同時也因為許多電影成為英雄的代名詞而著名。在基本動作中也要留意動作場景，設計一些具有緊張感的姿勢。

【 彎腰 】

若將帽簷前傾，稍微遮住眼睛，就能表現出角度。

稍微往前彎腰，所以背心下擺會張開。

膝蓋自然地彎曲，因此要注意不會出現深皺摺。

【 坐在椅子上 】

用往上看的視線表現出放鬆的感覺。

肩膀和手肘靠在椅子上，所以畫肩膀線條時要稍微往上。

【 蹲姿 】

單手撐地，所以另一邊（左側）的肩膀線條要往上提。

若把皮革畫得像是貼在大腿上，就能明顯看出大腿的曲線。

因為單手撐著地面，所以上半身要往前傾。

單手單膝著地，像是看到目標似的感覺。

腿要畫得稍微張開。要注意鞋跟的馬刺※不要碰到椅子的腳。

配置腳的時候，同時留意手的位置，表現出穩穩著地的感覺。

※「馬刺」：裝在騎馬專用鞋的鞋跟跟上的金屬配件，用來刺激馬腹。

━● 應用篇

美式牛仔裝很適合設計富躍動感的姿勢，但是另一方面也要注意細微的配件，帶出畫面的細緻感。

【 持槍 】

明確畫出表現出鬥爭心的強烈眼神與槍口的攻擊方向。

夾緊腋下準備承接槍的後座力。

像是要快速連射似地將槍架在腋下前方，就能產生牛仔的氣氛。

為了分散射擊的後座力，雙腳間距要畫得比肩膀寬。

【 騎馬拋繩 】

因為揮舞繩圈，所以要稍微挺起上半身，帶出躍動感。

張開大腿，夾緊膝蓋，畫出坐在鞍上的姿勢，同時表現出馬的厚度。

把馬的臀部畫高，以表現出馬匹跑步時的奔馳感。

為了表現出馬的高大，採取稍微由下往上的三角形構圖就能讓畫面產生安定感。

凱斯凱米特披肩

誕生於動盪的文化中，簡單又高貴的服裝

CHECK POINT!

☑ **留意寬鬆的線條**

因為是寬鬆的服裝，所以會蓋住身體線條，因此要以胸口的起伏來表現出女性的感覺。畫圖騰的時候，配合皺摺扭曲就能產生立體感。

☑ **從空隙看到的部分也要確實描繪出來**

由於這是罩在外面的服裝，所以從空隙看到的內裡和裝飾也要畫出來，明確地塑造立體感。

☑ **不要強調下半身的線條**

畫裙子時要想像著圓柱體，不要露出腰部線條。訣竅是讓裙子從腋下附近直直往下延伸。

歷經阿茲提克到西班牙的統治，在不同的文化中淬練而出傳統服裝

墨西哥在經歷阿茲提克帝國到西班牙的統治後獨立，在這段期間內，民族服裝也融合了印地安與西班牙文化，和男性比起來，女性服裝的特徵強烈遺留著西班牙時代之前的樣式。凱斯凱米特披肩像是阿茲提克族在儀式中所使用的斗蓬，是只有貴族才能穿的特別服裝。看起來雖然像是將長方形的布縫在一起，事實上，披肩使用的布料，是以織成直角的特殊技術所織造而成。

而披肩下穿的是以直線縫製，像是丘尼卡[1]的韋皮爾衫[2]，下面穿著稱為法爾達的多層次裙子。韋皮爾衫與凱斯凱米特披肩上的幾何圖案刺繡有避邪的功用。

※1 「丘尼卡」（Tunica）：長度約為腰到膝蓋的長版上衣。
※2 「韋皮爾衫」（Huipil）：一種中美洲原住民的民族服裝。將2～3片長方形的織物縫合製成的貫頭衣（從頭上套下來穿的衣服）。

➡ 其他角度

因為是寬鬆的服裝，所以重點是不要強調身體線條。只要將人物的髮型畫成穩重的設計，就能產生整體感。

〔 側面 〕

配合胸口表現出凱斯凱米特披肩的起伏。

因為可以看見髮型全貌，所以要確實畫出綁住的部分。

從背部延伸出的洋裝，要將線條改畫為像是從臀部往下延展一樣。

洋裝也會從胸口往下延伸，所以身體線條要畫得比較寬。

〔 背面 〕

頭髮綁住的位置和正面與側面一樣，畫的時候要確實掌握三視圖比對。

雖然被頭髮遮住，不過圖案是連續的，所以畫的時候要讓前後能搭得起來。

稍微露出正面的流蘇，表現出立體感。

線條和正面一樣，畫裙子時也要留意寬度。

上色 的訣竅

畫的時候為陰影加上強弱，表現出精細的質感

因為凱斯凱米特披肩的布料有點厚度，所以上色時要加入模糊的陰影，並在畫上強烈皺摺的地方加入強烈的陰影。由於下半身的洋裝布料較薄，所以要留意這一點，仔細畫上較淡的陰影，表現出細微的凹凸起伏。

基本動作

因為凱斯凱米特披肩是做得很寬鬆的服裝，所以特徵是會依據姿勢不同而產生明確的動感。畫基本動作時，也要注意沿著重力或身體方向來畫。

【 彎腰 】

和傾斜的身體無關，要把披肩的下襬畫成因重力而垂落。

因為是往前彎腰，所以會出現些許大腿線條。

要畫出裙子從膝蓋的線條到裙襬，都因重力而垂墜。

【 坐在椅子上 】

因為這是雙腳能靈活動作的寬鬆服裝，所以也可以讓人物可愛地一屁股坐在椅子上。

想像著穩重的性格，將雙手並放在大腿上。

按照手臂或手肘的位置，描繪披肩的下襬。

畫出朝向膝蓋的皺摺，藉以表現出彎曲與緊繃的狀態。

【 蹲姿 】

用視線表現出對行動與裙子的注意。

在臀部一帶畫出鬆弛的線條，就能表現出服裝的寬大。

把裙子和手插進膝蓋後方。裙子的皺摺要往手集中。

━● 應用篇

製作得很寬大的凱斯凱米特披肩,若做出跳躍等大膽的動作,更能展現出服裝的動感。如果想營造出飄逸感,要注意畫皺摺與陰影的方式。

讓頭髮也飄起來,營造出飛躍感。

透過手的動作與腳的方向,在激烈的動作中也能表現出穩重的性格。

讓服裝違反重力,可以表現出輕盈感。

因為彎曲膝蓋,裙子不會飄得比膝蓋高,皺摺會向膝蓋集中。

【 張開雙臂 】

配合手肘關節的線條畫出皺摺,就能彰顯動作。

受到舉起的手臂所牽引,下襬會往上提高。

因為彎起左邊膝蓋,所以會產生沿著小腿骨的皺摺,以及從小腿肚上面垂下來的皺摺。

可愛的圖案樣式

Part 1

民族服裝的魅力之一，就是顏色豐富又多樣化的圖案。在此就將世界各民族服裝圖案的一部分放大介紹。可以掃描本書，當作畫插圖時的素材使用。

維京服裝
菱形和條紋圖案。其他還有編織繩×動物的複雜圖案。

印地安洋裝
以菱形圖騰令人印象深刻的幾何圖案，常用在皮製的服裝上。

凱斯凱米特披肩
華麗且對稱的圖案，同時也有驅邪的意味。

肯加
起源於手帕布的獨特服裝。特徵是葉子與格子等隨意排列的圖案。

布布
層次分明的紅、白、黑條紋，是令人印象深刻的圖案。

夏瓦爾
優雅的花朵圖案，多以金線刺繡。

紗麗
紗麗的特徵是豐富的圖案。華麗的圖案比樸素的更受人喜愛。

旗袍
花朵的刺繡是關鍵。「牡丹」是富裕高雅的表徵。

琉裝
以稱為「紅型」的彩色染色技法來劃分服裝種類，黃色是最高級。

PART 3

非洲篇

在非洲這片生命誕生之地上，堅強地生活著的人們。為了保護身體免受強烈陽光的侵害，寬鬆涼爽的設計也是特色之一。

加拉比亞連身裙

誕生於廣大的沙漠地帶，簡單美麗的連身裙

CHECK POINT!

☑ 服裝與人物要畫得很俐落

因為這個服裝可以顯現出胸口到腰部的線條，所以人物身材畫得好一點比較理想。畫上陰影以看出胸口的起伏，畫衣服的圖案時也要配合起伏。

☑ 留意腳可以動作的範圍！

除了衣服合身之外，因為開衩的位置較低，所以可以動作的範圍很窄，畫的時候要留意。可以看到纖細的腳踝是魅力所在，要仔細地描繪。

☑ 強調身體線條

因為是貼身的服裝，所以要強調身體曲線，收起腰圍強調出臀部線條，就能展現人物纖細的美感。

受到年輕人喜愛，是沙漠地帶的經典服裝

沙漠地帶約占了埃及國土的90％。為了避開強烈的陽光與沙塵，男女都穿著覆蓋全身、名為加拉比亞的連身型洋裝。加拉比亞寬敞的設計，據說是以阿拉伯的「大長袍」（Thobe，P.90）為原型，是讓風能從寬廣的袖口與下襬通過的構造。男性的加拉比亞以白色或棕色等樸素的顏色為主，女性則是以在色彩鮮豔的布料上刺繡，或印花構成色澤豐富的彩色服裝為主流。

位在回教圈的埃及，女性外出時要在頭上包一種稱為希賈布（Hijab）的頭巾。以前都是黑色頭紗，不過年輕人會時髦地用漂亮的布來纏繞，變成流行的一部分。

● 其他角度

因為這是貼身的設計，特徵是會明確展現出人物的身體線條。讓我們一邊掌握身體的姿勢，一邊仔細描繪吧！細緻的圖案也要好好注意。

【 側面 】

要留意被頭髮遮住的圖案，取得畫面整體的一致性，提高完稿度。

沿著背部到腰的線條畫出衣物，來表現出合身的感覺。

從側面角度畫位在前方的圖案時，圖形看起來會被拉長。

因為這種服裝開衩的位置很低，可動區域狹小，要畫上因右腳小腿抬起而產生的皺摺來增加真實感。

【 背面 】

注意頭髮的方向要和其他角度相同。製造頭髮光澤的亮面要橫著畫上去，方向相對垂直於頭髮的線條。

正面看不見展開的袖子。從後面畫的時候，要像是稍微靠在腰上一樣展現出袖口寬度。

為了表現出合身的感覺，別忘了畫出臀部的線條。

為了展現腳部動作，下擺皺摺的線條要畫得稍微彎一些。

上色的訣竅

加入強烈的陰影，表現柔軟的質地

按照身體的起伏，這種服裝也會出現明確的皺摺和陰影，所以上色時要確實留意身體線條。陰影用較強烈的顏色，可以表現出質料彎折的強度，也可以強調既薄又軟的質地。

圖案的歪曲也要配合身體的起伏與皺摺表現出立體感。用電腦繪圖時，雖然有很多人會用素材貼圖直接貼上，但要注意讓衣服上的圖案也跟著起伏才能展現立體感。

PART1 歐洲

PART2 美洲

PART3 非洲

PART4 中東

PART5 亞洲

61

基本動作

因為這是由單一素材構成,簡單又柔軟的服裝,所以要讓衣服正確地反映出身體的動作。注意整體平衡的同時,照著姿勢仔細畫上皺摺吧!

【 彎腰 】

衣服上的圖案可以表現出身體角度,這是很重要的部分,所以要留意哪一部分需畫上圖案。

由於手放在大腿上,所以袖子會順著大腿垂下來。

由於服裝很貼身,所以畫的時候要避免一些動作,像是張開腳等。

因為腿部彎曲,要在膝蓋後方和小腿骨畫上皺摺。

因為膝蓋稍微彎曲,所以膝蓋下方的衣襬不會貼著腳,而是往下垂墜。

【 坐在椅子上 】

手放在大腿上,所以右肩稍微下垂。

把手放在大腿根部,表現出放鬆的氣氛。

因為腳的姿勢無法大幅度展開,所以坐著的時候要朝向一方併攏。

【 蹲姿 】

把頭畫得稍微往前傾,注意重心,讓雙腳確實取得平衡。

圖案要沿著身體起伏來畫,表現立體感。

手放著的時候,袖口會順著大腿垂下。

開衩的衣襬會因重力而垂下來。

━● 應用篇

加拉比亞在構造上很難讓雙腳的間距拉大，不適合活潑的動作。另一方面，因為身體和衣服很貼，所以可以運用這項優勢做出各種嫵媚姿勢。

【 迎風 】

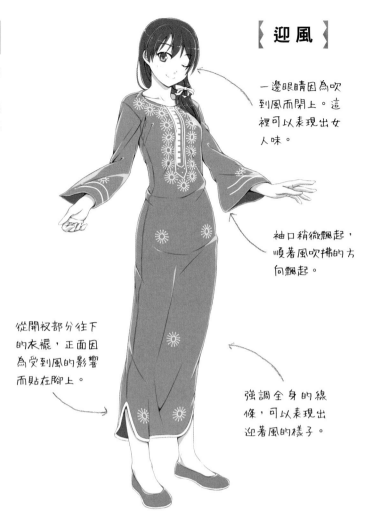

一邊眼睛因為吹到風而閉上。這裡可以表現出女人味。

袖口稍微飄起，順著風吹拂的方向飄起。

從開衩部分往下的衣襬，正面因為受到風的影響而貼在腳上。

強調全身的線條，可以表現出迎著風的樣子。

【 隨意躺臥 】

頭髮從肩膀沿著胸口的線條下垂。瀏海也要畫出因重力而垂下的樣子。

左手臂往前伸，所以身體周圍的皺摺也被拉向前方。同時注意微彎的手肘內側的皺摺。

延展右手臂，可以讓畫面產生安定感。

為了營造出動感而彎曲左腳。畫的時候要留意皺摺集中在膝蓋，以及另一隻腳尖隱藏在後方。

摩洛哥
（柏柏人）

摩洛哥長衫

用豪華的裝飾點綴，充滿異國風情的盛重裝扮

CHECK POINT!

☑ **留意布料和頭部的接觸面，分別畫出皺摺**
頭頂上方的布料與頭接觸的部分皺摺較少，往下垂墜並隨著肩膀與手的起伏而彎折的部分皺摺較多（側面、後面），只要掌握這兩部分的上陰影訣竅，就能完成充滿立體感的作品。

☑ **仔細畫出多樣裝飾品**
這款服裝的頭部及胸口有多種密集的裝飾品，所以畫的時候要細心，隨著形狀改變亮處或陰影，就會帶出真實感。

☑ **裙子用較長的皺摺帶出整體感**
畫出從腰部連接到下襬的皺摺，就能表現出整體感。和腰部或臀部接觸的部分皺摺要少。皺摺會因裙子被手抓起而集中，讓布產生帶有弧度的鬆弛感。

在嚴酷的環境下保護身體，以豪華的裝飾為特徵的傳統服裝

柏柏人是約從一萬年前就住在北非一帶的摩洛哥原住民。柏柏這個名字來自希臘語，是「說聽不懂的語言之人」之意。女性穿的摩洛哥長衫，別名也叫做土耳其長衫（Kaftan），是在婚禮或特別日子穿著的華麗禮服。上面繡有金線與銀線或縫上珠飾，是讓人聯想起一千零一夜故事的豔麗服裝。

外出時會穿著稱為Abaya的黑色紗袍，保護身體避開沙漠的沙與毒辣的太陽。頭上纏著頭巾，戴上大量銀幣或銀飾來裝飾，同時手腳也會用一種名為指甲花的染料，畫上幾何圖案或植物藤蔓等圖案來避邪。

━● 其他角度

從頭蓋下來的外罩在設計上偏長，長度大約到膝蓋以下。長衫也是筆直地從腰部垂落至腳部。畫的時候基本上要加入長的皺摺，賦予畫面整體感與優雅的形象。

【側面】

帽子狀的外罩淺淺地蓋在頭上，露出額頭的裝飾。布料會堆積在後腦勺，並產生皺摺。

因為左手彎曲，所以會有皺摺，別忘了要仔細加上陰影。

因為手抓起裙子，所以皺摺和陰影會集中在此處，下襬也會跟著提高。

由於腰間纏著布，所以衣服的布料在腹部顯得鬆垮，要順著身體曲線畫出臀部。

【背面】

頭頂的布料會因重力而貼緊在頭上，因此不會產生皺摺，由於頸部是凹進去的，所以會有陰影。

從頭上垂下來的布會披掛在肩膀上，產生皺摺。

外罩整體是從頭頂垂下來，所以會產生由上而下的皺摺。

因為用手拉起裙子，所以皺摺會較為集中，而外罩也會因此被拉起來，產生斜向的陰影。

上色的訣竅

在陰影中加入深淺，亮面要順著起伏

畫陰影的時候，依照角度變化大小增減陰影強度，就能完美展現人物的立體感。豐富的裝飾品也只要耐心地一個一個畫上陰影，就能在完成圖中更顯質感。

裝飾品上的亮面，要注意是加在最向外突出的部分。布料也一樣，想像強烈承受光源的地方是高彩度的顏色，若加入接近原色的色彩，就能提升立體感與真實感。

65

● 基本動作

長長的外罩會因姿勢不同，而有大幅度的變化。確實畫出稍大的陰影與長皺摺，表現出優雅的外型吧！此外，細小的裝飾品也會因為動作而垂落，所以要留心仔細地畫。

【 彎腰 】

肩膀會因手放在膝蓋上而隆起，從頭上垂下來的外罩也會堆在肩膀上。

由於是彎腰的姿勢，外罩會往下垂，腹部的布也會顯得寬鬆。

因為彎腰而讓腰部和臀部的線條更為明顯。

【 坐在椅子上 】

從頭垂掛下來的布，會暫且堆在肩膀，垂在椅子和背部之間。

拉扯大腿上的布，雙腿上的布料會產生大面積的斜向皺摺，畫面會因此更為生動。

注意布料也會夾進大腿下面。外罩墊在臀部下，多出來的部分會往下垂，前端觸地。

外罩垂墜在腳邊的布會自然披在地面上。

【 蹲姿 】

露出外罩內側，表現出深度與立體感。畫的時候注意布會夾進大腿和小腿之間。

布會集中在肩膀和脖子之間，所以會產生皺摺和陰影。

⟜● 應用篇

因為這是以誇張的外罩與裙子為特徵的服裝，所以大膽躍動展現這款服裝的明媚亮麗吧！另一方面，也可以設計一些文靜有女人味的畫面，比如靜靜地走下階梯等的動作。

【 跳舞 】

因為是跳舞的姿勢，所以從頭頂披掛下來的外罩，要像畫圓一樣往外側生動地展開。

由於手肘彎曲，所以會產生皺摺。外罩會掛在上臂上面。

【 下階梯 】

頭彷彿是在看腳邊似地稍微傾斜，所以額頭上的裝飾品也會微微斜向一旁。

因為抬起右腳，大腿部分要加入較大的亮面，膝蓋下方要加入陰影。外罩前端會稍微碰到階梯。

因為是在跳舞，空氣會從裙子下方進入，外側會鼓起。

由於抬起左腳，所以布會掛在大腿上，產生斜向的皺摺。且因為膝蓋彎曲，所以會明確地出現膝蓋的線條。

因為大腿往上提，左腳的根部會出現陰影。

肯特

是國家獨立的象徵，引以自豪的民族服裝

☑ **畫帽子時要顯露出分量感**

頭髮被包進頭部的黑色帽子裡。留意膨脹度，把帽子畫大，就會有立體感。

☑ **留意隱藏在布裡的身體構造**

因為肯特的布披在左肩上，所以要把皺摺畫得像是被往左上方拉一樣。這時候，留意隱藏在布下的左肩和胸口的隆起，就能帶出立體感。

☑ **這是由一片布構成的服裝，要注意皺摺的方向**

肯特是用一大片布把身體包起來，所以膝蓋位置的皺摺和胸口的一樣，會斜向左上方。

在世界上深受喜愛的布料配色中，注入了自豪的想法

肯特原本是迦納男性※在儀式或喜慶時穿著的布製民族服裝。將24片織成寬8～10cm的細長布條接在一起，做成一片大型的布匹（230cm×330cm）。露出右肩，寬鬆地纏在身上的模樣是最獨特之處。以經織與緯織來織出四種複雜圖案的工作，皆由男性來擔任。每個顏色都有意義，紅色是獨立時所流的血、黃色是在迦納開採的黃金、綠色是自然、藍色是海、黑色是自由的表現。在這塊看似簡單的布中，注入了自英國長期統治後獨立的自豪，以及對非洲這塊土地的愛。除此之外，設計樣式更是多彩多姿，據說多達150種以上，現在也運用在女性洋裝、領帶與室內裝潢用的雜貨上，是受到世人喜愛的織品。

其他角度

具有各種意義的彩色圖案是肯特的特徵。讓複雜的幾何圖案隨著姿勢或角度小心地產生線條變化，就能表現出圖畫的立體感。

【側面】

順著胸口起伏的布料會隆起。在胸部下方加入陰影，帶出立體感。

帽子的布會積攏在後腦勺，要加入陰影。畫的時候要留意從前面披上來的布，會掛在肩膀上。

手環也因為重力而傾斜，細微的部分也要仔細地畫。

順著身體的起伏，帶出腰與臀部的線條。在從肩膀垂下來的布上面加入陰影，表現出立體感。

下襬部分要展現層層疊繞的布匹所產生的縫隙，如此一來，就能看出用一片布纏繞起來的構造。

【背面】

從前方披上來的布會捲到肩上，垂在背後。為了和下面的布做出差別，要在交界處加入較長的陰影。

因為布會繞向左肩，所以皺摺要畫成像是從腋下往左上方拉的樣子。腰部也一樣畫出往左上的皺摺，同時展現身體線條。

下襬部分，若將布錯開，畫成像是可以看到第一層布的話，就可以看出好幾層的構造，產生真實感。

上色 的訣竅

就算是複雜的圖案也要以陰影和光線仔細分別上色

肯特的特色是鮮豔的色彩與繽紛的圖案。上色時，不是把花紋全部塗滿，而是要確實將光線照到的亮面部分，以及因皺摺或凹凸所產生的陰影部分，分別描繪出來，以帶出畫面的立體感。因布的構造讓圖案的形狀產生細微的變化，可以使整體產生一致性。

➡ 基本動作

因為這是緊緊纏繞住身體的傳統服裝，所以會因姿勢不同而明顯露出身體線條，畫的時候要確實掌握住身體構造。不過因為布料質地柔軟，要仔細描繪出細微的鬆垮感，表現出材質的柔軟性。

【 彎腰 】

彎腰會強調出背部凹下的部分與臀部等處的線條。

因為是往前彎，所以要強調胸部線條。

腿部位置的衣料會因重力而產生小小的飄逸感，不過因為基本上是緊緊纏繞著身體，所以要畫得像是貼在腿上。

【 坐在椅子上 】

首飾會產生細微的陰影。把手放在大腿之間，就會出現往腿部中間的皺摺與陰影。

【 蹲姿 】

背部到腰間的布會堆積成一層一層的樣子，產生皺摺和陰影。畫的時候要注意皺摺的位置，以顯示出身體構造。

加入會顯示出大腿線條的皺摺。在膝蓋後方，因布料被大腿和小腿肚夾住，所以會產生皺摺和陰影。

布料會因坐姿而積在大腿部分，布料要稍微遮住椅子邊緣。下襬部分，因為雙腳往左側併攏，所以會鬆垮地往下垂。

※為了清楚展現布料會產生的線條、皺摺與陰影，因此本頁與下一頁的布料上皆省略圖紋的繪製。

➡ 應用篇

受到陽光照射的廣闊非洲大地。為了表現出這是在那裡居住的人們所穿著的服裝，試著大膽地讓人物坐在地面上吧！若能加入他們生活中所不可或缺的家畜畫面，更能塑造出異國風情。

【 坐在地上立起單邊膝蓋 】

首飾上面要加入細微的陰影，腋下部分會因手臂而出現縱向陰影。

因為抬起單邊膝蓋，所以膝蓋後面會因重力而鬆垮地彎曲。下端也會一樣鬆垮，在腳尖產生陰影。

【 牽家畜 】

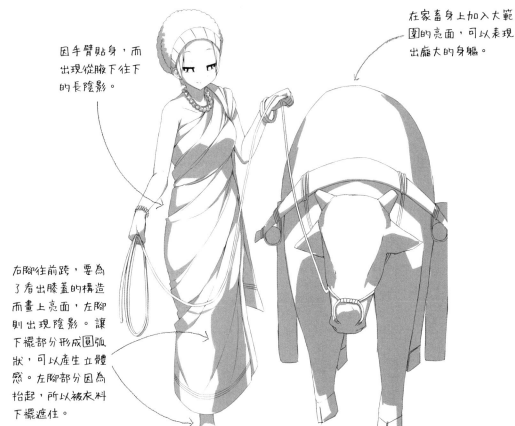

因手臂貼身，而出現從腋下往下的長陰影。

在家畜身上加入大範圍的亮面，可以表現出龐大的身軀。

右腳往前跨，要為了看出膝蓋的構造而畫上亮面，左腳則出現陰影。讓下擺部分形成圓弧狀，可以產生立體感。左腳部分因為抬起，所以被衣料下擺遮住。

肯加

以豐富的花紋與簡單的穿法為特徵的民族服裝

☑ **上半身要畫上橫向的皺摺**
因為這是把布宛如包裹住上半身一般、纏繞在身上的服裝，所以會出現橫向皺摺。在脖子等地方，因為也會堆積很多布料，所以畫的時候要留意立體感。

☑ **露出裡布，表現出立體感**
要留意被布遮住的手臂並加上陰影。上半身的布是輕輕纏繞上去的，邊緣不會很整齊。露出裡布可以表現出立體感。

☑ **腿部要加入像是斜向左上方的皺摺**
腳被布遮住，畫的時候要留意雙腳的位置，加入皺摺。因為布的邊緣在身體左側綁成一個圓結，所以下襬部分的皺摺，要畫得像是從右下被拉往左上方的樣子。

由拼接手帕布衍生而出的獨特民族服裝

肯加是東非的斯瓦希里文化圈中的女性們，用兩片布纏繞身體所形成的民族服裝。這種19世紀才誕生的新式服裝，是用一片布包覆身體，另一片布從肩膀或頭把身體整個覆蓋起來。據說起源是將從葡萄牙帶過來的手帕布不加以剪裁，而是當成大型的布直接使用，因此裝飾布邊的設計成為最主要的工作。除了做為婚

喪喜慶等的正式服裝之外，還是種可以當成桌布、窗簾、包袱巾、嬰兒背巾使用的萬用布。
每一片布都有用斯瓦希里語印上稱為Kanga Saying的信息，內容種類繁多，有格言或愛語等。可以當作禮物，若無其事地讓對方看見，將心意表達出去。

➔ 其他角度

由於這個服裝的設計是將身體纏繞起來，所以畫的時候要時常掌握住布的位置。複雜且具異國風味的花紋也是特徵。將花紋順著布料的扭轉方向，以及身體線條扭曲，就能產生真實感。

【 側 面 】

畫的時候要留意手臂部分的皺摺被拉向在上方，藉此製造出立體感。

後腦勺有多餘的布，因此會出現皺摺。因為布披在左肩上，所以畫的時候要留意營造布的鬆垮感。

大腿的部分，靠近圓結的地方會出現像是一層又一層的皺摺，凹凸也會變得更為明顯。皺摺的整體方向要畫成以圓結為中心的放射狀。

下襬部分要畫成圓弧形，並加上較寬的陰影，以顯示出是二片布重疊而成。

這是披在左肩的布受到拉扯的模樣，所以頭部的布會出現斜向的皺摺。在頸部和肩膀周圍，因為布會像集中起來一樣重疊在一起，所以要畫上較多皺摺和陰影。

【 背 面 】

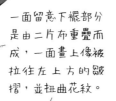

因為右手往上抬，所以上半身的布會往上提起，出現斜向的皺摺和陰影。讓花紋配合動作歪曲。

若在上半身與下半身的界線塗畫大片陰影，就能在上身和下身的布料上塑造深度，表現出立體感。

一面留意下襬部分是由二片布重疊而成，一面畫上像被拉往左上方的皺摺，並扭曲花紋。

上色 的訣竅

配合動作扭曲花紋，就能產生立體感

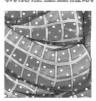

肯加的傳統服裝色彩豐富又有很多花紋，因此要特別注意皺摺與陰影的部分，要避免不要因花紋而忽略處理這部分的細節。

描繪陰影時，會因為布是否隆起，或是否有皺摺而改變，所以要小心地描繪。畫花紋時，也要留意因皺摺而產生的凹凸，如此斟酌細節就能營造出立體感。

━● 基本動作

由於這是穿起來像把上半身包覆起來似的服裝，所以特徵是會出現橫向皺摺。依照布料垂墜的程度有所不同，一層又一層的皺摺也會更顯複雜，畫的時候要注意因應各種不同的動作，皺摺位置也會有所不同。

因為彎腰的緣故，胸前的布會全部垂下來。

【 彎腰 】

因為光從正面照過來，所以從後腦勺連續到背、腰、腿的線條，都要畫上陰影。綁圓結的腰布前端會露出來，加上一部分的亮面，就能產生真實感。

【 坐在椅子上 】

從頭上蓋下來的布會鬆垮地堆在肩上。一邊注意位置關係，一邊加入陰影和亮面，就能表現出立體感。

往前彎腰，要留意布的鬆垮度與空間，畫出大片陰影。

為了表現出二層布料的構造，在布的界線上加入陰影，畫皺摺時也分別斜向右上與左上。

覆蓋住上半身的布會遮住手臂的位置，不過可藉由在隆起的部分畫上亮面，看出手臂的位置。

因為讓臉稍微轉向，同時讓身體往前傾，所以頸部左側的布不會堆在肩膀上，而是掉下來。在背部加上陰影，藉以表現出立體感。

【 蹲姿 】

布被大腿和小腿肚夾著，聚集了皺摺。

上半身的布料下襬，會掛在右臂上之後因重力而落下。光線若照射在彎曲的膝蓋以及接續下去的小腿骨部分上，就能顯示出位置關係。

服裝一部分掛在手上，並往下垂。

※為了清楚展現布料會產生的線條、皺摺與陰影，因此本頁與下一頁的布料上皆省略圖紋的繪製。

━● 應用篇

非洲的環境很嚴酷。來設計一些動作以看出人們在那裡艱困生活的模樣吧！
用生動地拉起洋裝一端的動作，表現服裝質感所具有的柔軟動感。

【 以頭頂物 】

頂在頭上的東西會產生陰影。畫的時候也不要忘記在頭和物品之間，加入小小的墊子，如此便能在完成圖中產生差異。

稍微露出握住的右手，可以提升真實感。讓光線照射在往前跨出的膝蓋上，可以帶出立體感。

因為舉起左手臂，所以服裝往上提，產生從左肩往腹部一帶的長皺摺與陰影。若露出另一邊下垂布料的內裡，就可以提升完整感。

【 拉開裙子 】

因為右手抓起下半身的布，所以皺摺會集中在那裡。上半身被手臂提起的布，畫的時候要留意到空間，如此就能表現出立體感。

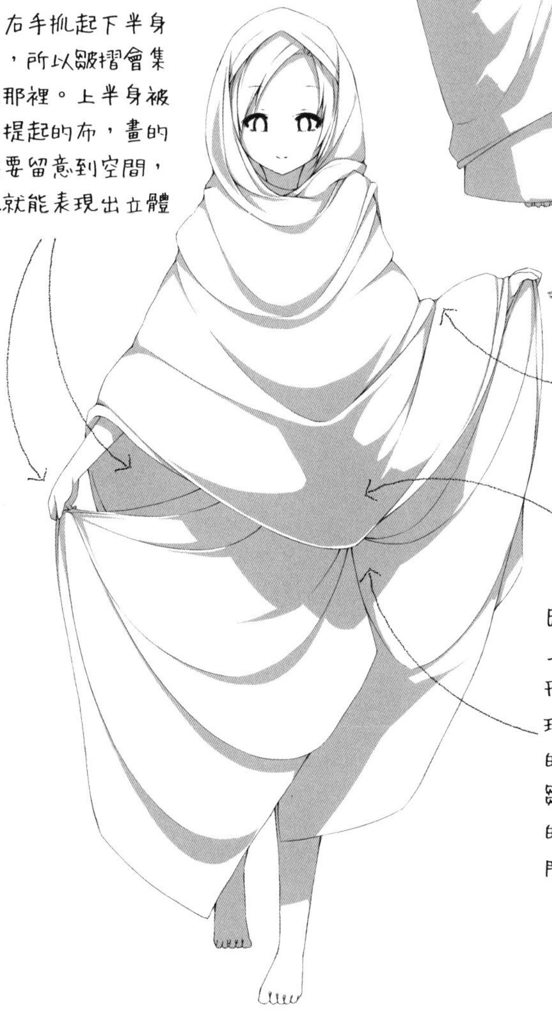

抓著裙子的邊緣並抬起手臂，所以會出現斜向的長皺摺。布沒有抓住的部分，也因為會掛在手臂上，所以一樣會產生皺摺。

因為舉起雙手，所以上半身的布會呈U字形垂下，在正中央出現陰影。由於下半身的服裝被抓起來，畫皺摺時要朝向被抓住的地方及打了圓結的腰部方向畫。

布布

以豐富的花紋與簡單的穿法為特徵的民族服裝

☑ **具特色的辮子頭**
彎曲捲起的辮子頭,要藉由畫上一條一條細微的凹凸來表現。

☑ **用裝飾品的彎曲度 表現胸部線條**
因為這是寬鬆的洋裝,所以不太強調身體線條。由於裝飾品很多,所以要配合胸部線條來表現起伏。

☑ **也要確實留心 洋裝內側的腳**
下半身不是直立的,作畫時要用像是把重心放在左腳,右膝稍微往前跨似的平衡方式繪畫。那樣就會產生更多皺摺與陰影,並帶出動感。

表現出吉布地的傳統,簡單但華麗的服裝

吉布地共和國位在非洲東北部名為「非洲之角」的半島根部。吉布地女性所穿著的布布,是將最長達4m的布對折,在中心開一個讓頭通過的洞,留下手臂部分,只將腋下縫起來的簡單洋裝。穿的時候要在內襯(襯裙)的腰部做出皺邊夾起來,讓穿著的時候像是可以從下襬看到得蕾絲內襯一樣。

祭典的時候,會在白色布布上面將一塊布纏繞在身上,露出一邊肩膀,並將擁有的金銀飾品都戴上去,頭上用鳥羽裝飾。在回教國家吉布地裡,有把婚禮時交換的契約書,裝在用金銀工藝製作的美麗盒子裡,每天帶著走的習慣。

其他角度

這種洋裝不是貼身的樣式。為了不要破壞整體平衡，畫的時候不要過度強調肩、胸、腰等處的線條。

【 側面 】

因為腰間的裝飾會束起服裝，所以上面會出現寬鬆的皺摺堆積。

要留意頭部的裝飾具有固定羽毛裝飾與頭巾的功能。

因為服裝被束在腰部，所以大腿和臀部附近會稍微產生身體線條。

【 背面 】

畫的時候讓袖子的部分張開，並像是從腋下往下墜一般。

讓頭巾以蓋住頭髮的方式豪邁地展開，看起來就會很漂亮。

配合漸層色彩加入一道深色的陰影，使手環看起來更像金屬製品。

因為傾斜的腰部會產生較長的皺摺，所以也要一邊留意臀部的線條，一邊加上陰影。

上色的訣竅

在髮色上面下工夫，讓整體產生層次變化

如果把頭髮畫成黑色，會和陰影與蕾絲的色調重疊，整體變得一片黑。因此上色時要以紫色或棕色為中心，營造出色彩的強弱。

因為這是整體都很寬鬆的服裝，所以要一邊注意不要露出太多身體線條，使用漸層畫法營造出女性腿部和腰部的線條，倘若這是有很多貴金屬類裝飾的服裝，也可以用具層次的色調來表現出金屬感。

● 基本動作

強調在站姿中難以看出的膝蓋與臀部線條。一邊顧及身體平衡，一邊明確地描繪出，因彎曲身體各部位而產生的皺摺或布的垂墜方向。

【 彎腰 】

因為彎腰，頭髮會因重力而垂直落下。

把手放在膝蓋上，肩膀會往前挺產生弧形。畫的時候要想像肩膀線條連接到背部。

胸口的裝飾品會隨著重力而產生垂墜感，所以要畫得像是有點浮在衣服上一樣。

留意兩邊膝蓋在服裝中的位置，把手放在膝蓋稍微上方處。

【 坐在椅子上 】

手放在後面，稍微強調胸形。

因為是身體前傾的坐姿，要稍微強調臀部線條。

因為右腳稍微往前伸出，所以大腿到小腿骨的線條，也要畫上皺摺與陰影。

【 蹲姿 】

因為彎著膝蓋，所以要畫上布料受到拉扯的皺摺與陰影。

為了看得出踮腳尖，要稍微露出腳尖的部分。

⟶ 應用篇

這款傳統服裝最能彰顯出吉布地共和國女性們具異國風情且引以為傲的魅力特色。由於跳舞時會抬起一邊膝蓋，因此要在服裝上畫出生動的皺摺。

【 架刀 】

夾緊腋下，讓陰影與皺摺集中，畫的時候要注意方向。

因為架好的刀朝向前方，所以從刀刃尖端到刀柄部分的曲線，要畫得比較強烈。

由於肩膀和手臂往下，袖子下面的部分會因重力落下。

因為舉起手，裝飾用的手環要畫在稍低的位置。

【 舞蹈 】

雙手畫出像是包覆的感覺，表現出要拍手似的躍動感。

因為左腳往上抬，服裝會受到拉扯，髖關節、大腿後方、小腿骨處會出現皺摺。

讓頭巾生動地展開，帶出整體的飄動感。

因為提起腳，臀部的布料會被拉到前方，臀部的線條更為明顯。

PART1
歐洲

PART2
美洲

PART3
非洲

PART4
中東

PART5
亞洲

79

以美麗的幾何圖案為特徵的手工服裝

庫巴王國的服裝

為畢卡索與馬蒂斯
帶來影響，
以美麗圖案為重點的服裝

庫巴王國是中非南部的國家，位於後來的剛果民主共和國南部。成為主導地位的布尚戈族人用椰子葉做成線，縫製的工作分成平織由男性負責，刺繡與貼花由女性負責。布的幾何圖案各有名稱與意義，其設計也讓畢卡索與馬蒂斯深深著迷。

男性穿著的「Mafer」是將上面反折的裙子，所以腰圍部分會施加裝飾，是即使反折也有花紋的精緻設計。因為製作費工，所以一輩子只做得出幾件。使用於祭祀或儀式，往生時也會讓亡者穿著自己所做出最華麗的服裝。

CHECK POINT!

☑ **鑲上貝殼的華麗頭帶**
以大貝殼為特色的頭帶，要配置在額頭稍微上方之處是重點。要仔細畫出因緊綁而產生的蓬鬆頭髮。

☑ **畫出具有分量的皮草**
為了表現出皮草的柔軟，要畫上細細的線條，用淺色上陰影。減少正中央的陰影面積，營造出分量感。

☑ **要注意纏腰布上別具特色的花紋**
綁在腰上的裝飾布要留意折入方向與照射到光線的部分之間的位置關係，加上皺摺與陰影，就會顯得立體。

→ 其他角度

特徵是野性的皮草，以及影響了世界級藝術家的圖案。因為質地很厚，所以看不出下半身的線條，但是要仔細畫上陰影，製造出布料的質感。

【 側面 】

一面留意披在肩上的皮草蓬鬆感，一面讓毛的尾端亂翹，藉以表現生動感。

畫腰部的褶子時，要留意表現布料的重量。腰上的手，則想像成是輕輕放在布上。

因為是用偏厚的質料所做出來的筒形服裝，所以不會出現腿部線條。

把皺褶與陰影畫成由從頭頂的髮旋呈放射狀擴散，頭帶束緊部分的頭髮要畫得稍蓬鬆。

【 背面 】

留意背部的肌肉，加入陰影。

雖然看不見腿部的線條，不過若加上可以看出腰骨位置的起伏線條，就能塑造出下半身的平衡。

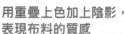

上色的訣竅

用重疊上色加上陰影，表現布料的質感

因為這款服裝的魅力在於豐富的圖案，所以要留意布料的質感表現。畫上圖案之後，從上面用重疊上色加深顏色，並像沿著臀部線條似地加入陰影。彩色圖案的連續性，會因皺褶而出現細微的中斷，畫的時候要注意。此外，色調也不是用原色，整體要上棕色系的色彩，以產生一致性。

PART 1 歐洲

PART 2 美洲

PART 3 非洲

PART 4 中東

PART 5 亞洲

81

基本動作

在站立姿勢中看不到的腿部線條，在坐姿或蹲姿時會被強調出來，所以要隨著腿部的動作，加上皺摺與陰影。

因為皮草的外型不易變形，所以不要過度往下垂。

由於右腳稍微往上提，露出膝蓋的線條，所以小腿上會產生皺摺與陰影。

【 彎腰 】

因為腰間的裝飾布很重，所以會因重力而有垂墜感。

因彎腰而強調出腰部線條，大腿後方的布也會產生皺摺。

【 坐在椅子上 】

因為是像盤腿坐一樣大大地張開腿，所以布會往橫向展開，皺摺也會變成橫的。

由於手放在身體後面，所以要畫上陰影。重心也變得稍微偏左，要配合重心考量整體平衡。

【 蹲姿 】

把手臂畫得像是靠著大腿一樣，就會產生立體感。腰部的裝飾布會垂掛在展開的雙腿之間，然後往下垂，所以畫的時候要注意。

因為是盤腿坐，所以左腳不會碰到地面。

因為是踮起腳尖的蹲姿，所以腳跟不會著地。按照雙腳的位置關係，明確地分別畫出陰影的明暗，就能帶出立體感。

─● 應用篇

因為上半身是赤裸的,所以很適合男性化的生動姿勢。另一方面,和非洲人悠閒的氣質也很合。是運用範圍很廣的服裝。

【 隨意躺臥 】

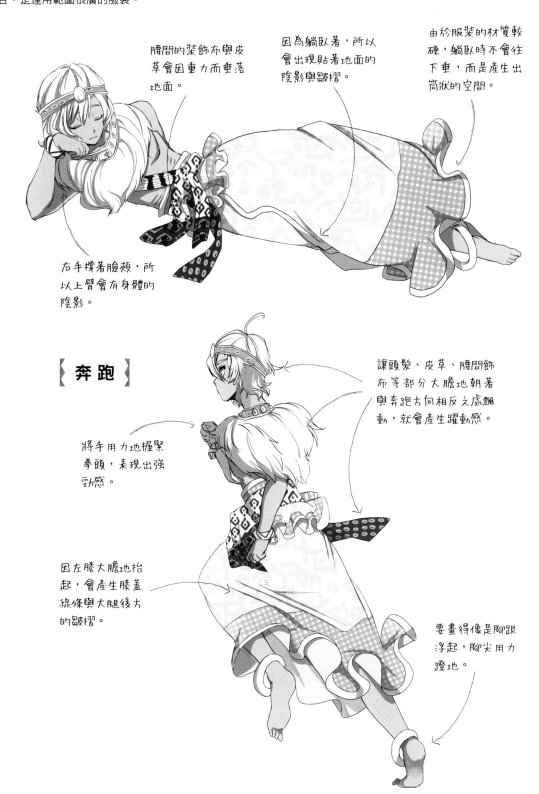

腰間的裝飾布與皮草會因重力而垂落地面。

因為躺臥著,所以會出現貼著地面的陰影與皺摺。

由於服裝的材質較硬,躺臥時不會往下垂,而是產生出筒狀的空間。

右手撐著臉頰,所以上臂會有身體的陰影。

【 奔 跑 】

讓頭髮、皮草、腰間飾布等部分大膽地朝著與奔跑方向相反之處飄動,就會產生躍動感。

將手用力地握緊拳頭,表現出強勁感。

因左膝大膽地抬起,會產生膝蓋線條與大腿後方的皺摺。

要畫得像是腳跟浮起,腳尖用力蹬地。

可愛的圖案樣式

民族服裝的圖案還有很多！在此將介紹從北歐的格子花紋到和服的花朵圖案等，色彩鮮豔且十分具有魅力的圖案。請掃描本書，當成畫插圖時的素材使用吧！

蘇格蘭裙
北歐的花呢格紋圖案。要用同色系顏色來畫。

米尼奧塔
以可愛的花朵圖案為特徵。圖案是用刺繡的。

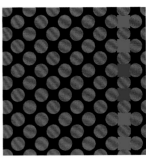

佛朗明哥洋裝
豔麗的圓點圖案。充滿悲哀與熱情的矛盾感。

納瓦霍服
由數百年歷史所孕育出來，美國原住民的傳統圖案。

肯特
圖案象徵獨立帶來的解放，是以鮮豔色彩為傲的圖案。

庫巴王國的服裝
連世界知名的藝術家都為之著迷，令人印象深刻的幾何圖案。

魁納克
被稱為「阿圖斯的圖案」，擁有「映在河上的彩虹」的別名。

泰式套裝
用來點綴特別日子，華麗又有東洋風味的傳統圖案。

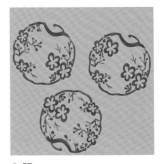

和服
反映出多彩多姿的四季風情，日式圖案為和服更添風采。

PART 4

中東篇

集結嚴酷的沙漠地帶文化的中東民族服裝。本篇也會一併
介紹沙烏地阿拉伯、土耳其、巴基斯坦等地各種富含巧思
的圖案與裝飾品。

波卡罩袍

由嚴格的回教文化誕生出來的神秘面紗

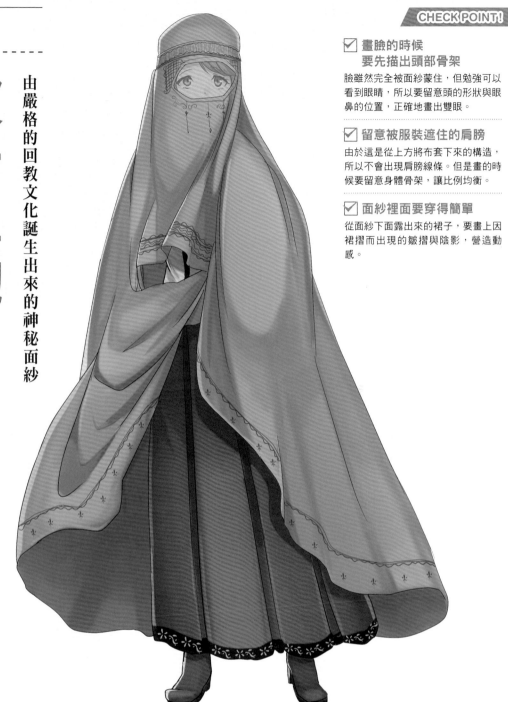

☑ **畫臉的時候
要先描出頭部骨架**
臉雖然完全被面紗蒙住，但勉強可以
看到眼睛，所以要留意頭的形狀與眼
鼻的位置，正確地畫出雙眼。

☑ **留意被服裝遮住的肩膀**
由於這是從上方將布套下來的構造，
所以不會出現肩膀線條。但是畫的時
候要留意身體骨架，讓比例均衡。

☑ **面紗裡面要穿得簡單**
從面紗下面露出來的裙子，要畫上因
裙摺而出現的皺摺與陰影，營造動
感。

這套時常成為爭議焦點的服裝，其實也有實用的優點

就算在回教「女性不能隨便把頭髮和身體露給別人
看」的教義中，像波卡罩袍這種特別的面紗，在世界
上也是少數。在碗狀帽子的前後，用立體的縫法將布
縫得像帳篷一樣的波卡罩袍，在較短前布上眼睛的部
分裝上一個六角形的網布，因此從外面看不見女性的
臉。既長又有很多衣褶的後布，是為了保護身體避免

沙漠的沙塵，而覆蓋住整個身體。
雖然是因輕視女性而受到諸多批判的服裝，但其實也
發揮了保護女性安全的防衛效果，在波卡罩袍解放運
動之後，主動穿著的女性卻大為增加，且會在波卡罩
袍裡穿著名為「Zeroperon」的連身裙，遊牧民們則
會穿著稱為Tonbon的褲子來搭配。

➡ 其他角度

在往上舉起的手臂連動之下，整件服裝會有大幅度的拉扯動作，畫的時候要注意這一點，並留意袖子部分的花紋，會依照動作而變化。

【 側面 】

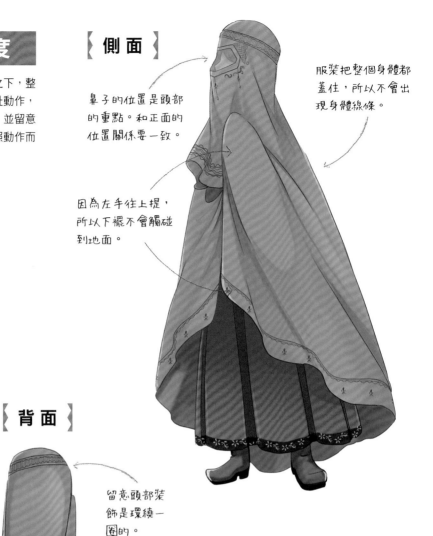

鼻子的位置是頭部的重點。和正面的位置關係要一致。

服裝把整個身體都蓋住，所以不會出現身體線條。

因為左手往上提，所以下襬不會觸碰到地面。

【 背面 】

左肩往上提的部分，要注意有隆起的角度。

留意頭部裝飾是環繞一圈的。

因為服裝被手拉起來，所以即使是後面也看得見鞋跟。

上色的訣竅

用提高透明度來表現出面紗下的臉部表情

為了可以一眼看見雙眼，面紗部分畫的時候，要提高透明度以看見眼睛部分。由於是簡單的服裝，畫花紋時不要太顯眼，要配合服裝整體的色調。為了帶出質料的光滑感，照到光的部分要畫上明亮的顏色；為了營造出深度，布的內側要用深藍色畫上漸層色調。

基本動作

因為這是以一大片布披在身上為概念的服裝，所以向外突出的部分，會受到其他地方影響，畫的時候要注意。此外，也要時常留意身體被遮住部分的位置關係。

因為右手把布拉起來，所以看得出手肘的線條。

【 彎腰 】

畫的時候要想像因彎腰而弓起的背和肩膀相連。因為臉朝向左邊，所以頸部會出現皺摺。

因為右手拉起來，所以衣服不會碰到地面，會露出裡面的裙子。

【 坐在椅子上 】

衣服會積在椅子的座面上，產生鬆垮感。

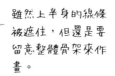

雖然上半身的線條被遮住，但還是要留意整體骨架來作畫。

【 蹲姿 】

因為是雙手交疊的姿勢，所以會聚集皺摺，且因為面部朝向下方，所以也要注意背部會弓成圓弧形。

裙子會順著膝蓋彎曲，所以不會碰到地面，同時看得見鞋尖。

因為彎曲膝蓋坐著，所以裙襬會變得有點短。

從背部延伸而下的衣服會披在地上。

─● 應用篇

應用整件服裝會一起連動的特點，試試看展現生動的姿勢吧！像是拿著東西的動作等，別忘了也要注意細部的皺摺會因動作不同而相互影響。

【 掀起面紗露出原本的臉龐 】

因為衣服是相連的，所以在掀起面紗的同時，其他部分也會連動，露出內側簡單的服裝。

右手部分要畫得像是為了閃躲風吹而貼著手臂的樣子。袖子部分要畫得像是因為風吹入而生動地飄起。

【 抱小孩 】

因為用右手牢牢抱著小孩，所以皺摺會集中在此處。

扶著孩子的左手會從布裡露出來，所以罩袍會捲在手臂上，產生皺摺。

右半身的下襬部分畫得像是微微被風吹起，就能塑造動感。

因為抱著有重量的孩子，所以下半身要張開雙腿穩穩站立。

阿拉伯大長袍

在壯闊的沙漠地帶隨風飄舞，是阿拉伯人引以為傲的傳統服裝

☑ **要留意頭上布巾的立體感**

蓋住頭的布巾是質地既軟又薄的「Ghutra」，因為此種布料的特質，皺摺會較平緩。在這樣的造型裡，頭髮因為短所以看不見，只會看見頸部周圍的空間，設計時注意立體感，畫上陰影與皺摺吧！

☑ **注意積在肩上的布料動感**

多餘的頭巾會積在肩膀部分。要注意頭巾從哪裡開始包，畫的時候不要搞混了構造。

☑ **別忘了為簡單的衣服加上動感**

阿拉伯大長袍很長，而且結構單純。為了不要顯得單調，要畫上看得出身體線條的寬大陰影，以及在膝蓋部分上一點衣褶。

在嚴酷的沙漠中保護身體，是阿拉伯人常穿的服裝

虔誠的回教國家沙烏地阿拉伯，也因其嚴謹的戒律，而成為眾所皆知治安良好的國家。表現出他們引以為傲的民族性的，就是稱為阿拉伯大長袍的男性常用服。靠著這從頭包到腳踝的長袍，保護自己避開沙漠的沙子和乾燥氣候。他們會在袖口使用喜歡的鈕釦或袖釦，藉此展現時尚感。男性在頭上戴一個像小碗一樣的帽子，披上阿拉伯頭巾（Kufiya），再蓋上稱為Ghutra的布。

夏季的Ghutra是薄的白布，冬天則用為頭部禦寒的厚布（Shoemarc，P.98）。阿拉伯人慣用白色與紅色，巴勒斯坦與黎巴嫩人則用白色與黑色等，當地民族會用Ghutra的顏色與纏繞方式，表現出身分或出身地。Ghutra上面會放上黑色的帶子（Iqal）固定。

➡ 其他角度

這款服裝因寬鬆的關係,所以很難出現身體線條。不過也因為質地很薄,所以很容易產生皺摺與陰影,若作畫時依照這特性使身體部位顯露出來,就能產生立體感。

【 側面 】

頭部的布料會因為黑色帶子綁住而出現皺摺,陰影會沿著皺摺出現。垂在肩上的布,要分開垂在前面與後面。

畫成微微呈放射狀的外型。另外,為了不顯單調,也要畫上長皺摺、衣褶和陰影。

手臂部分稍微彎曲,所以手肘後面會聚集皺摺。

【 背面 】

積在肩胛部分的布,會和垂在肩胛骨一帶的布垂墜到背部,產生三角形的陰影,要把這些重點分別畫出來。腋下部分的皺摺也要確實畫上。

下襬部分要畫出具有弧度的皺摺和打摺的圓弧形,以營造出立體感。

雖然幾乎看不出身體線條,不過向外突出的腰部會有些許膨脹感。

因為袖子部分是偏硬的質地,所以會產生布料的鬆垮感。

腳踝的部分,藉由畫出阿基里斯腱帶出真實感與立體感。

上色 的訣竅

**簡單的服裝上,
也要加入具立體感的重點**

這是一款簡單的服裝,因此連顏色也很單純。夏季用白色為基底,幾乎不會加入其他顏色。因為布料材質很薄,所以透過布料可以稍微看到衣服下的肌膚。為了表現出這一點,陰影要用黑色系的顏色混合膚色來畫。
上色的時候,頭巾的幾何花紋要配合動作加上線條起伏。

基本動作

因為這是質料柔軟的服裝，可以採取彎曲膝蓋等會產生動感的姿勢。如果是像是用手抓住衣服等姿勢，只要花心思加上一些技巧，就能塑造出生動的皺摺。

【 彎腰 】

纏繞在頸部周圍的布會因彎腰而鬆垮，產生垂墜感。從頭部垂下來的長布會直直往下墜。

因為抓住腰際的布，所以要畫出聚集的皺摺，這時候皺摺要畫到小腿位置，立體感便能立即展現。

【 坐在椅子上 】

因為彎曲手肘，所以手肘內側會聚集皺摺。

因為張開雙腿，所以大腿之間的布料會顯得鬆垮，從頭上垂下來的布會積在這裡。由於手肘放在椅子扶把上，袖子的布會服貼其上。

由於布巾往下垂，所以可以清楚看見膝蓋線條。膝蓋下方的布會往地面垂墜。

【 蹲姿 】

頸部周圍的布會下垂而製造出些許空間，所以要加入有立體感的陰影。膝蓋下面的部分要畫成往下垂墜的樣子。

因為手臂往前伸，所以肩膀線條很清楚。

要沿著大腿厚度的線條畫出皺摺與陰影。

蹲姿會在腰部製造出皺摺與陰影。在大腿與小腿肚夾住的部分，要畫上較強的皺摺。

● 應用篇

畫面若出現駱駝，可以為阿拉伯傳統服裝更添獨特的氣氛。此外，若選擇迎風吹拂的狀況，就能塑造出動感以及在嚴酷的沙漠中生存下來的強悍形象。

【 騎駱駝 】

因為把腳張開，所以雙腿之間會產生相連的橫向皺摺與陰影。畫左大腿時留意光澤，可以表現出立體感。

仔細描繪雙手抓著繩子的位置關係，可以產生立體感。因為身體稍微往前傾，所以腰間會出現皺摺。

【 迎風 】

讓垂下來的頭巾大膽地飄起來，表現出風的感覺。

因為手臂稍微彎曲，所以會產生從肩頭斜出來的皺摺。

此處會產生許多從上風處斜向下風處的長皺摺與陰影。另外，衣服會因為風吹而貼在身上，在雙腳之間會出現大幅度的陰影。別忘了因為布料薄透，也要配合裡布產生的陰影來畫。

夏瓦爾

象徵鄂圖曼帝國的豐富文化，構造獨特的一款服裝

☑ **刺繡的大小要畫得不一樣**
背心部分的刺繡，要畫得既大且讓人印象深刻。帽子上的刺繡，要畫得小巧以取得整體平衡。

☑ **注意這款寬鬆褲子的褲襠位置**
因為褲襠到腰部位置很長，所以畫的時候要注意皺摺和鬆垮度。想像成低襠褲※會比較容易畫。

☑ **露出腳背，製造畫面的強弱對比**
把鞋子畫成看得到腳背的設計，就會在腳部的表現上製造出強弱對比。

金線刺繡是關鍵，融合了裙裝與褲裝的獨特作法，是一款十分有魅力的傳統服裝

鄂圖曼土耳其帝國過去曾極盡繁榮，統領廣大領土。因為緬懷那個時代，現今的服裝是依照當時後宮女性服裝「夏瓦爾」所設計而成。這款衣服是把有點寬大的方形布做成袋狀，只留下腳進入的部分，做成方便行動的褲子。腰部用細繩綁住，繩子上再束上寬腰帶。並在天鵝絨或絹緞質地的布料上，用美麗的金銀線刺繡，完成後張開腳看起來就是裙子，腳併攏看起來就是褲子，是很獨特的服裝。

上衣搭配短外罩衫，頭上戴名為「土耳其毯帽」的無簷帽。在這現在並不少見的古典民族服裝中，可以看到過去土耳其文化輝煌燦爛的一鱗半爪。

➞ 其他角度

表現寬鬆的袖子與下襬的微妙差異時，把皺摺的線條減少，有效地做出陰影與亮面來顯示。因為服裝的構造很簡單，所以會因材質的不同而產生差異。

【 側面 】

頭髮線條朝束起處收起。

背心要配合胸口起伏來畫。為了看出伸長的手臂線條，要加入亮面與陰影。

仔細畫出腰帶的花紋，加入細微的亮面表現出光澤。小腿以下的布料很鬆垮，會產生皺摺。

袖子部分會形成空間，所以畫的時候要留意立體感。

【 背面 】

因為腰部稍微彎曲，所以會出現身體的線條。由於這是胯下位置很低的服裝，所以畫的時候也要注意皺摺的位置。

讓後面的頭髮散開。腋下與袖子會產生鬆弛感，並因重力而下垂。

上色的訣竅

在受光的部分加入暖色調，營造出溫暖質感

身體上的光源如果混合了些許暖色，就能加強柔軟的印象。可以藉由在褲子部分使用大膽的漸層色調，來表現立體感。陰影的部分，也要混合紫色等冷色系。
繡花部分則要塗上金色，塑造出異國風味的印象。
褲子若加入往下方延伸的長形陰影，就能帶出寬鬆的微妙感。

➡ 基本動作

寬鬆的袖子與褲子會配合手臂或腿部動作，而出現飄逸感。留意重力的方向畫出鬆垮部分，可以提高真實感。

頭髮會因重力往下掉。因為手臂也往下伸，所以皺摺與陰影的方向，要變成往下的方向。

因為手叉腰，所以上臂部分的袖子會往下垂。彎腰時腰部的線條也會很明顯。

由於膝蓋彎曲，所以大腿部分的皺摺要朝向內側。

【 坐在椅子上 】

手放在椅子上，所以肩膀會聳起。由於背心的質料很厚，所以很難產生皺摺。

皺摺會沿著大腿出現，多餘的布料會堆積在椅子上。膝蓋以下的布料受地心引力影響而垂下，皺摺方向同布料垂墜的方向，褲管部分的狀況也相同，布料會往下垂。

【 蹲姿 】

因為抱著雙臂，肩膀會出現圓弧線條，同時腋下會產生皺摺。

因為從這個角度看膝蓋在前方，所以看不見腳踝的裝飾。由於皺摺會朝向腳踝的裝飾延伸過去，所以布料會反重力，變成貼向小腿。

● 應用篇

為了讓這款寬鬆飄逸且特色豐富的服裝，表現出更多變的一面，絕對不能少設計活潑的姿勢，一邊注意加入明暗的方式，一邊以畫出躍動感為目標吧！

【 跳舞 】

在手臂部分加入旋轉皺摺。袖口產生的空隙也要畫出來。

因為稍微彎曲手肘，手肘內側會產生皺摺。

厚背心與身體之間會出現空隙。

因為膝蓋往前伸，會產生明暗的界線。

抬起左大腿，所以髖關節產生皺摺。

【 雙手叉腰跳舞 】

讓散開的頭髮飛舞，表現出動感。

彎曲的手肘內側會出現皺摺，又因為手叉在腰上，所以腋下會形成三角空間。

因為抬起大腿，所以髖關節會出現皺摺。由於褲襠的位置很低，所以畫皺摺和陰影時，要像雙腿連在一起一樣。

下襬的鬆弛部分，要畫出因重力而產生的垂墜感。

\ 隨著季節變化！/

民族服裝的夏服與冬服

民族服裝最大的魅力，就是世界各國設計皆不相同。而且就算是同一款民族服裝，也常常會因穿著的季節不同，而在細節製作上有所差別。在此介紹會因夏季與冬季而變換的民族服裝作法！

〈冬服〉

魁納克

魁納克是烏茲別克的民族服裝，像彩虹一樣鮮豔的圖案是特色所在，除了基本的五分袖類型，也有長袖類型，冬季會穿上加入可愛圖案的偏厚褲子。

〈夏服〉

夏服的主流是寬敞的短袖。令人意外的是，在夏季穿長袖會在布料與肌膚之間形成水蒸氣層，也有人喜歡那種涼爽感。

▶ 魁納克的夏服請參照100頁

〈夏服〉

阿拉伯大長袍

阿拉伯大長袍主要是男性的服裝。特徵是戴在頭上的Kufiya頭巾，以及蓋在上面的布，這款服裝會因季節不同，而在質料厚度、花紋與名稱上產生變化。夏服稱為「Ghutra」，以白色的薄布為主；冬服則換成質地厚且有花紋的「Shoemarc」。

〈冬服〉

穿冬服時所蓋的厚布（Shoemarc）配色，有白色與紅色、白色與黑色等，圖案和顏色會融入各地區不同的含意。

▶ 阿拉伯大長袍的冬服請參照90頁

PART 5

亞洲篇

亞洲大陸可說是各種文化的融爐，因此誕生出許多融合各種巧思設計、充滿魅力的民族服裝。不管是具異國風情的服裝，還是端莊的和服，請各位好好徜徉其中吧！

魁納克

鮮豔的花紋在陽光的照射下相當耀眼，是一款華麗民族服裝

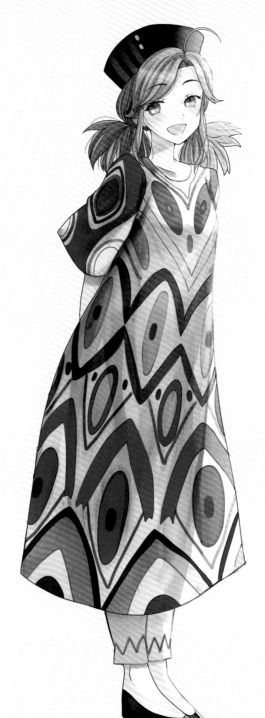

☑ **胸口要寬敞**

這是樣式寬敞的連身裙。因為胸口寬到可以看見鎖骨，所以注意不要把領口周圍畫得太窄。

☑ **放射狀的設計**

連身裙的長度約到膝蓋下方，是從上面呈放射狀展開的寬大設計。因此不太會顯現出身體線條。

☑ **要留意輕薄質地的透明感**

因為質料很薄，所以畫的時候要像是能透出裡面一樣。加上能看出腳的位置等的陰影之後，插圖就不會顯得單調。

能在嚴酷的陽光下保護身體，色彩鮮豔耀眼，是特別日子才穿的手工服裝

烏茲別克位在中亞的正中央。女性們會在特別的日子，穿著用稱為阿圖斯圖案的手織紗線扎染布做成的「魁納克」。魁納克沒有內襯，是長度到小腿的單層丘尼卡※，下面會穿用相同材質做成的褲子。頭上包頭巾或戴上稱為Tubeteika的帽子，是典型的魁納克族裝扮。傳統上是以絹製成，不過現在用棉或化學纖維做成的服裝也變多了。平時穿的是五分袖類型，但由於沙漠地帶占了國土面積80％左右，這樣的氣候類型會在衣服與肌膚之間形成水蒸氣層，人們也因此感到涼爽，所以覆蓋全身的款式比五分袖還要受歡迎。魁納克色彩鮮豔的圖案，被稱為是模仿「映在河上的彩虹」，是在灼熱的陽光下才更能顯出美麗的服裝。

其他角度

因為樣式簡單，所以服裝本身不會出現大變化。藉由加入髮型或陰影確實表現出立體感之後，就會在完成圖中產生差異。掌握此原則仔細地構圖吧！

【 側面 】

胸部要沿著胸口起伏來畫，藉由在胸部下方加入陰影表現出胸型的立體感。

一邊畫出服裝的蓬鬆感，一邊想像內側稍微透明的感覺加上陰影，好讓身體的位置隱約浮現出來。

頭髮往後綁。因為綁起來的地方在頭髮下端，所以要在頭髮上加入斜向下方的線條與陰影。

【 背面 】

因為雙手在背後交握，所以肩胛骨會攏起，因而產生陰影。在不破壞寬大的微妙感覺之下，加入陰影以看出從腰部到背部的起伏。

寬大的袖口蓋住手肘，所以就算手肘彎曲也不會產生皺摺。加入可以看出腿部位置的陰影，就能避免單調。

頭髮像雙馬尾一樣綁成兩束。因為頭髮的方向也分成兩邊，所以畫的時候要注意。

因為衣服質料具有彈性，所以會在下襬成一圓弧狀，而不會服貼於小腿。

讓些許肉裡從下襬的縫隙間露出來，可以塑造出立體感。在腳踝畫上阿基里斯腱，就會產生真實感。

被稱為「映在河上的彩虹」，色彩豐富的圖案是關鍵！

因為這是以色彩鮮豔著稱的傳統服裝，所以要使用很多活潑的色彩，例如以粉紅色或黃色來點綴其上。圖案的形狀也多畫成縱長形，如菱形或橢圓形，如此就能呈現苗條的視覺印象。
相對於色彩鮮豔的連身裙，若把鞋子塗上黑色或棕色之類典雅的顏色，就能在整體上產生強弱差異。

━● 基本動作

雖然衣著的色彩鮮豔，但服裝構造本身卻非常簡約，做彎腰或蹲下的動作時，產生的層層皺摺很顯眼，這部分務必正確地描繪。用抓住布料的動作製造出人為皺摺，也是避免構圖單調的巧思之一。

【 彎腰 】

因為手往上提，所以上臂部分的袖口會稍微提高。

因彎腰而出現臀部線條。

從胸口延伸的皺摺也會集中到被抓起來的膝蓋部位。下襬因為往前彎腰而浮起，隨著重力往下垂。

因為手抓著，所以會聚集皺摺。一邊留意重心在前方，一邊畫得稍微往前傾。

【 坐在椅子上 】

把手放在膝蓋上，肩膀會稍微往前伸，腋下出現皺摺。

配合胸口起伏加入明暗面。

臀部到大腿的部分會被坐在屁股下，衣服完全被延展開，因此會產生像是被捲入椅子下面的皺摺，並出現身體線條。

左腳被右腳的影子遮住而看不見。下襬部分要畫上較深的陰影。

【 蹲姿 】

把背弓起來，肩膀就會出現弧度；把手放在膝蓋上，腋下就會產生皺摺。

因為膝蓋彎曲，所以膝蓋下面的布會因重力而垂落。

寬鬆的褲管口被下襬遮住，所以不會看見身體線條。

應用篇

因為是寬鬆的服裝，所以試著用會產生動感的生動動作做出變化吧！同時配合因動作不同而有所變化的皺摺與陰影，確實掌握住圖案的變化。

【 旋轉 】

這動作會讓頭髮配合旋轉動作生動地飛舞。把手畫大，手臂畫短，來表現出遠近感與立體感。

因動作而飄起的裙子，要畫得像是偏圓。同時露出內裡，表現出立體感。

受到往後方飄起的服裝影響，從腋下到下襬會產生斜向的長皺摺與陰影。因動作的影響，衣服會貼在腿上。

【 跑下階梯 】

畫的時候要注意會看見束起頭髮的橡皮筋。

配合動作讓下襬往後飄起，塑造出生動的感覺。

因為是將右腳往前踏走下階梯的動作，所以會出現腰部到大腿的線條。

103

克伊雷克禮服

以圓錐形的獨特樣式為特徵，是哈薩克的結婚禮服

CHECK POINT!

☑ **亞洲風格的花紋**

幾何花紋是這套服裝的特點。不過，光只有細小的花紋排列起來，會產生雜亂的感覺，所以配置時要考慮大小和平衡。

☑ **留意往旁展開的服裝設計與陰影配置**

圓錐形的帽子縱長的外型讓人印象深刻。另一方面，裙子的設計也會往旁展開，畫的時候要留意陰影配置。

☑ **注意頭頂部的裝飾**

帽子上面的貓頭鷹羽毛束，加上陰影時要留意，在正中央加入一道縱向的影子，然後畫得讓羽毛看起來像是以那裡為中心，呈放射狀展開的樣子。

汲取了俄羅斯文化的荷葉邊裝飾的美麗洋裝

位在歐亞大陸中心的哈薩克，人們長久以來過著游牧的生活。女性穿著的稱為克伊雷克的洋裝，常見的設計有優雅地展開的袖子、長長的低立領，以及受到接壤的俄羅斯影響用荷葉邊裝飾下襬。上面披著像長袍一樣的上衣「別斯馬特」，再束上有金屬別扣的寬腰帶。圓錐形的高帽子「沙吾克烈」是新娘用的傳統帽子，頂點加裝貓頭鷹的羽毛束，並掛上絹製的披巾。鬢角垂吊著縫上寶石或珠子的飾板，是很豔麗的結婚禮服。結婚前的女孩要編大約三十條四股辮子，新娘在婚禮當天要改編成兩條。

➜ 其他角度

這是偏厚的質料與偏薄的質料混用的服裝，花紋也很複雜，因此要確實掌握住畫陰影時的強弱與加入亮面的方式。

【 側面 】

披巾的亮面要畫得比較弱，藉由模糊亮面來表現質料的輕薄。

畫上較強的皺摺與陰影，營造出凹凸不平的立體感。

為了塑造出質料的厚度，讓外袍的下襬呈現圓弧形，並沿著下襬加入較強的陰影。

調整披巾下襬的顏色深度與不透明度，帶出透明感與立體感。

【 背面 】

用流動的細線畫出披巾的皺摺，表現質料的柔軟度。

外袍背部的縫線要畫得像是沿著身體線條縫製。

部分披巾掛在右臂上，並往下垂落。

外袍被腰帶束縛，在腰部產生些微鬆垮感。

上色的訣竅

用上色順序的不同展現薄披巾的透明感

基本上，可以用陰影與亮面的強度來表現質地的差異，重點部分要花更多工夫。
例如從圓錐形的尖帽「沙吾克烈」垂下來的披巾，為了表現出質料透明到可以看到裡面，要先畫出披巾以外的部分，之後再畫上披巾，提高重疊部分的「透明度」。紅色的外袍部分要用較深的陰影表現厚度。

105

➜● 基本動作

裙子上的細小皺摺要有耐心且仔細地畫。皺摺的形狀決定樣式，要沿著荷葉邊的凹陷處畫。如果照著動作改變大小就會更加立體。

左手的荷葉邊被右手抓住，因此會貼著手腕。

外袍的下襬皺摺要沿著大腿線條來畫。

【 彎腰 】

披巾的正面部分會垂直落下。同時加上些微曲線，也能表現柔軟的感覺。

垂到地面的裙子，裙襬部分會有皺摺堆積。

【 坐在椅子上 】

披巾掛在椅背上，因而產生皺摺。

因為是坐著，外袍在髖關節的部分會產生皺摺。

披巾會先垂在椅子的座面上產生皺摺，然後再往下垂。

【 蹲姿 】

手臂彎曲部分會產生皺摺，要加入較強的陰影，來表現質料的厚度。

把臀部部分畫得稍微往下垂，就能表現出柔軟度。

因為膝蓋彎曲，荷葉邊的皺摺要畫得像是縱向伸展。

※為了清楚展現布料會產生的線條、皺摺與陰影，因此本頁與下一頁的布料上皆省略圖紋的繪製。

━● 應用篇

因為有披巾和加了荷葉邊的寬大裙子，就算不做出大膽的姿勢，也能充分表現出動感。細小的皺摺與陰影會左右完稿的品質。

【 旋轉 】

將辮子畫出像平緩的弧線般躍動，就能產生動感。

披巾要配合身體動作，輕飄飄的呈現圓弧狀飄起來。

為了產生躍動感，外袍要稍微捲起來，露出內裡。

想像裙擺往左旋而成放射狀展開，所以皺摺會變成橢圓形。

【 抓起裙角張開手 】

因為裙子有重量，所以整體會從抓住的地方呈放射狀垂落。

外袍部分會和裙子一起被往上提，堆起皺摺。

荷葉邊裙擺提起來的部分會產生縱長形的陰影。

裙子內裡的陰影面積範圍很廣，藉此表現出立體感。

107

紗麗

從印度教的傳統中誕生，在世界上也很受喜愛的民族服裝

☑ **注意是由一片布構成**

這是將一片布折起來穿的服裝，畫的時候要留意反折後看不見的地方，以及衣服連接的地方，像是從腰到左肩的皺摺等處。

☑ **掌握皺摺起始之處**

因為會將一部分的布料夾在腰間，所以從腰到腳背的皺摺要畫成放射狀。用粗線和細線交織出皺摺，可以讓畫面產生強弱感。

可以透過穿法和花紋等細節了解一個人的為人，是印度教的傳統服裝

擁有南亞第一大面積的印度，聚集了多樣的民族與宗教，簡直就像是「人種的融爐」。80%以上為印度教徒，女性用稱為紗麗的布裹住身體。這樣的服裝是從「沒有縫合處的布是神聖的」這個想法而來的，將長度至長有5m以上的布疊出好幾層裙褶※，耀眼地穿在身上。在紗麗下面穿上短背心，然後先從裙子部分（襯裙）開始穿，在正面做出裙褶之後，接著往上半身一披，最後戴上富貴象徵的金飾就完成了！

這種民族服裝在布料的材質與染色方法、花紋、穿法上都有詳細規定，甚至可以從中看出出身地、已婚未婚、職業等，簡直就像是身分證一樣。

其他角度

因為是將一片布折疊數次穿上的服裝，所以畫側面與背面時，要注意皺摺的走向不要紛亂，且要配合動作讓下襬的花紋產生變化。

【 側面 】

把前面的皺摺往在肩伸長，以表現出這是一片布構成的服裝。

藉由將皺摺的曲線畫得平緩，表現出布料柔軟的感覺，並像是露出重疊的裙褶似地加上多條皺摺，以產生立體感。

露出從肩膀垂下的布料部分內側，藉以產生立體感。

左腰部分的服裝會變成二層。腳邊的下襬會因重力而出現鬆垮的部分。

【 背面 】

因為傾斜左肩，所以掛在肩上的布料褶子會拉開。

左腰部分的布料會變成二層。另外，腳邊的下襬會因重力而出現鬆垮的現象。

大腿部分要加入斜向右上的皺摺，畫得像是繞到前方一樣。

上色的訣竅

細小的花紋不要過多

種類豐富的紗麗有很多細小的花紋，但若畫太多花紋，會讓整體變得雜亂，所以要做出消除花紋或讓花紋變淡的「省略」空間。

若在肩膀垂下的布料部分內側畫上藍色之類的後退色（具收縮性，讓上色部分看起來比較小或凹陷，主要是低彩度的顏色），就可以在畫面中產生深邃感與立體感。讓金屬部分的亮面偏強，布料部分的亮面偏弱，可以營造出不同質感。

109

─● 基本動作

雖然這是順著身體曲線穿著的服貼服裝，不過也有會寬鬆的部分。在坐或蹲的時候，因為到處都會出現鬆垮之處，所以要注意畫上皺摺與陰影的方式。

【 彎腰 】

微微彎腰、挺起背部身體右側腹部與布料之間會出現空隙。

布會因身體往前彎而鬆弛，但也有朝向左肩的皺摺，所以畫的時候要注意平衡。

因彎曲膝蓋，所以膝蓋後面會出現皺摺堆積。

因為把手放在彎曲的膝蓋上面，所以膝蓋下面的布會垂直落下。

【 坐在椅子上 】

由於是彎曲膝蓋坐著，所以大腿部分的布會被拉開，在髖關節部分產生皺摺。

從左肩垂下來的布，會有部分積在椅子的座面上再往下墜。

【 蹲姿 】

從左肩垂下來的布會被背部遮住，幾乎看不見，不過可藉由在稍微露出的部分，畫上皺摺與陰影來產生立體感。

從左肩垂下來的布，前端部分會積在地上。

膝下後面的皺摺，會受重力影響而下垂，產生鬆垮感。

因為彎曲膝蓋，所以膝蓋下的布料會往下墜，膝蓋後面會產生偏重的皺摺。

※為了清楚展現布料會產生的線條、皺摺與陰影，因此本頁與下一頁的布料上皆省略圖紋的繪製。

─● 應用篇

若是做出具異國風情的大動作舞蹈姿勢，皺摺和光影就會有大幅度的改變。裝飾品或頭髮會隨著動作改變方向，要多留意這些部分。

【 跳舞 】

辮子要貼著腋下與胸口的產生起伏。

大膽地抬起左膝，膝蓋部分會受到拉扯，布就會產生曲線。

把身體的重心稍微往後倒，從背面繞到前面的布就會產生空隙。

小腿部分的裙褶，會因為抬起膝蓋而展開成水滴狀。

【 隨意躺臥 】

額頭部分的裝飾品與瀏海會隨著重力垂落。

往左肩延伸的皺摺，在重力的影響下會變得有點鬆垮。

因為左腳往前伸，腳尖的布會碰到地面，產生皺摺堆積。

經過腋下垂落的辮子會貼在地上。

泰式套裝

依佛教傳統在頭髮上點綴金色飾品，是一款具異國風情的洋裝

☑ **瞭解布的纏法**
先披在肩上，然後通過背部和腋下，之後再度披到肩上，要確實掌握住此穿法的結構來畫。細小的花紋要配合動作變化。

☑ **要注意獨特的裙褶位置**
要注意裙褶會在正面。裙褶部分的花紋在上色時，要畫得比其他部分強烈，以帶出畫面的層次感。

☑ **裝飾品要畫得光彩奪目**
源自佛教傳統的豪華金色裝飾品，有髮箍、耳環、項鍊加上假指甲，種類很豐富。務必畫得燦爛奪目。

燦爛奪目的泰國綢與豪華富麗的裝飾品是關鍵！

被稱為泰國洋裝的「泰式套裝」，是泰國女性的正式服裝，也使用於婚禮上。「Phá-nung（下衣）」是將一片布縫成筒狀做成的裙子，剩餘的部分在前面疊出裙褶，並在上頭以加裝了大腰扣的腰帶固定。披在肩上具象徵性的布「Sa-bai（上衣）」，以整體施以花紋圖案的傳統泰國綢為主流，在日常生活中蟬翼紗或

蕾絲製的Sa-bai也很受歡迎。穿的時候要像是露出右肩似地纏繞，然後從左肩長長地垂下。手臂上戴著金或銀做成的手環，在虔誠的佛教國家泰國，金色是特別的顏色。Phá-nung的下襬或Sabai上也會織入大量金線，發揮出異國風情的魅力。

━● 其他角度

注意要把掛在肩上的柔軟布料，以及下半身具光澤的布分開畫。此外，要讓亞洲風情的花紋順著布的皺摺延展開，並用強烈的色彩上色，避免被其他顏色蓋過去。

【 側面 】

垂掛在腋下下方的布，會有一部分掛在手臂上，再往下垂落。

因為彎曲左膝，所以會產生以膝蓋為中心的皺摺，畫的時候要注意。

從肩膀垂下來的布，要讓前端形成緩和圓弧的匚字形，產生立體感。

【 背面 】

掛在左肩上的布要畫得細長，像是沿著上臂一樣。垂在腋下的布，要畫得像是披掛在手腕上之後再往下垂。

由於被腰帶束緊，所以腰間會產生皺摺與鬆弛感。

因為腰部傾斜，所以服裝會被拉向側邊，產生橫向的長皺摺。

上色的訣竅

由於布料具有光澤質感，要用較強的亮面來表現

為了展現裙子布料具有光澤感，因此在亮面部分要以加強對比來表現。披掛在肩膀上的布料質地很薄，可以透過布料看到裡側衣服，所以上色時要反映出另一邊（背景）的顏色。

金屬或帶有光澤的裙子部分，要加入顏色較強烈的亮面，側腹部分的布則要用色彩較淡的亮面，以帶出材質的質感。

113

基本動作

從肩膀垂下來的布、裝飾品或長長的髮絲等，都會因姿勢的不同而產生大動作，要仔細地畫。掌握配件的位置關係加上陰影，就能提升立體感。

彎腰

因為往前彎腰，所以髖關節會出現く字形的皺摺，彎向內側的膝蓋，會讓膝蓋後面產生較大的皺摺。

因為肩膀向前拱起，所以要畫出鎖骨位置的皺摺與背部的鼓起，如此骨架就能變得立體。

因為左右膝蓋靠攏，所以小腿部分的裙褶會呈放射狀展開。

坐在椅子上

從肩腋垂下來的布，會產生弧線似的空隙，所以要加入陰影來表現立體感。

因為是將身體凹成S形的坐姿，所以會強調左側的臀部線條，皺摺也會積在髖關節。腋下部分會沿著大腿的形狀產生皺摺。

因為彎曲膝蓋，小腿部分的衣料會往下垂墜，產生陰影。

蹲姿

從肩膀垂下來的布，會在腋下產生陰影。肩膀周圍的裝飾品，要沿著身體厚度來畫。

從肩膀垂下來的布，前端會積在地上。

因為是蹲姿，大腿與小腿肚貼合，所以小腿的部分，會產生往下與斜向等兩種陰影。

※為了清楚展現布料會產生的線條、皺摺與陰影，因此本頁與下一頁的布料上皆省略圖紋的繪製。

應用篇

在此介紹會讓這款特色十足的裙褶產生動感、並能靈活運動雙腳的姿勢。裝飾品的花紋，以及頭髮的髮際或髮尾等，細微的部分也要詳細畫出來。

【 上樓梯 】

舉起左手，掛在肩膀上的布就會產生皺摺。此外，在內裡加上陰影，或讓長髮髮尾飄起，就會使整體畫面更活潑。

右腳與左腳出現落差，所以雙腳之間的裙褶會展開。此外，受到往前突出的右膝影響，小腿的皺摺會往下垂墜。

【 跳 舞 】

為了讓掛在肩上的裝飾品展現躍動感，要讓飾品呈S字形彎曲，布料也不要貼在背上，要畫成帶有弧度的曲線，披肩邊線也是一樣的處理方式。

大動作彎曲右膝，服裝就會被拉向膝蓋的方向。雙腳之間的裙褶，要畫得像是被捲向右腳的另一邊。

越式旗袍

擁有美麗的時尚外型，是不斷進化的民族服裝

☑ 把頭的尺寸畫小

考量到身體的平衡，以七～八頭身為作畫標準。這時候，把頭的尺寸畫小，就能讓整體比例看起來纖細。

☑ 畫出胸部線條，塑造衣服是貼身設計的印象

為了表現出服裝的樣式，要強調胸部周圍的線條。而且，要增加胸部下方與腋下的細小皺摺，表現出質料的輕薄。

☑ 逐漸展開的寬鬆下半身

與上半身形成強烈對比，下半身是寬鬆的樣式。因此皺摺的數量也變少，曲線變得緩和。

設計性與機能性兼備的人氣服裝

「越式旗袍（Áo dài／奧黛）」是具有美麗的外型，以及因為深深開衩※產生飄逸感的洋裝。Áo dài的意思是「長衣」，起源自中國清朝的長版旗袍，立領部分就是受到長版旗袍的影響。因為貼合身體，所以會在細節使用子母鉤或按釦。演變成現今款式的設計是在20世紀前半，法國統治以後，是比較新的民族服裝。下面穿的褲子「Quần」，是重視穿著方便度與涼爽感的寬鬆設計。

白色越式旗袍主要穿著者是年輕人，也是學校的制服。近年來絲與化學纖維材質變多了，清洗起來也很簡單。現在也常作為日常服裝使用，同時還不斷加入新的設計，與時俱進。

※「開衩」：在裙子等的下襬加入開口。

➤ 其他角度

因為是服貼的設計，所以最好把人物的身材設定纖細一點。此外，因為這樣的衣服容易因動作產生細微的皺摺，所以要仔細畫上皺摺與陰影。

【 側面 】

被勒緊的腰圍上，會產生強調身體線條的橫向皺摺與陰影。
開得很高的衩是這款傳統服裝的特色，注意要把從縫隙間露出的褲子的質料分開畫。

為了表現出這是緊身的服裝，畫的時候要留意背骨線條呈S字形。若是能微微看見另一側的手臂，就能讓體型產生俐落的印象。

【 背面 】

領子前後都有開衩。從腰部到肩胛骨的線條上，會產生由下往上的皺摺與陰影。

樣式寬鬆的褲腳貼在腳背上，令人感覺布料十分柔軟。

加入像是沿著臀部起伏一樣，具有立體感的皺摺與陰影。

在腰部加上手臂的影子，藉以讓畫面更有立體感。

為了不讓褲子顯得單調，加入可以分辨出膝下的長皺摺與陰影。

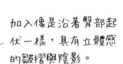

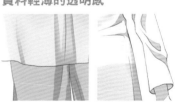

上色的訣竅

要注意營造出質料輕薄的透明感

越式旗袍像連身裙一樣的長版設計是服裝特色所在。質料輕薄，披在腿部的外層上衣會透出底下褲子的顏色，將這裡巧妙地表現出來是重點所在。和褲子重疊的部分，不是只有單純地將顏色變淡而已，還要用提高透明度，並將陰影調淺來表現。
在上半身加入明確的陰影，以及明暗對比，也可以表現出畫面整體的強弱感。

117

━● 基本動作

因為這是開衩到腰部的服裝，因此腿部一有動作，就會大大地敞開，在整體服裝上營造出生動的動感。

【 彎腰 】

人物的視線往下，並把手畫得像是要撿拾物品似地往下伸，以營造出動感。

稍微露出右臂，表現人物立體感。

【 坐在椅子上 】

畫得像是衣服被夾進臀部下面。

彎曲的手肘內側要畫上較多皺褶，袖口則較少皺褶。

【 蹲姿 】

因為畫得像是把手輕輕放在膝蓋上，可以塑造出女性化的微妙差異。畫的時候要讓開衩部分大膽敞開，並將較長的下襬往左腳的另一邊集中。

因為是蹲姿，所以會強調身體線條與臀部曲線。開衩部分會呈八字形敞開。

━● 應用篇

上半身的線條較為緊實,下半身會因為高矮而產生動感,所以要畫得大膽些。畫出加入其他配件所產生的不同畫面,讓整體構圖設計更為加分。

【 拋帽子 】

為了有將帽子往上拋的輕盈感,指尖要畫得像是輕輕放開一樣。

開衩因風的吹拂而大大敞開,外掛前襬也因風吹生動地飄起。畫出因為右膝彎曲所產生的空隙,以表現出畫面的立體感。

【 騎自行車 】

因為右手擺出壓住帽子的動作,所以畫的時候,要注意手肘內側部分的皺摺與陰影。

臀部的衣服會鬆垮地夾進和腳踏車座墊之間的空隙,左膝因腳踏板而抬高,所以外掛的布料會集中在雙腿之間。

車輪部分使用電腦素材或貼花曲線拉線條,要確實掌握細部構造。

旗袍

富麗的紅與金配色交織成具魅力的華美服飾

☑ **掌握裝飾品的機能**

要留意胸前的流蘇，是為了束緊頸部而設計的。披在肩膀周圍的坎肩，要沿著身體線條描繪才顯得立體。

☑ **配合服裝線條細細刻畫上富有魅力的花紋是重點！**

涵蓋衣服整體，令人印象深刻的花紋大多以花朵或鳥尾做為主題。製作一個圖樣後（Pattern），再隨意貼上設計。

☑ **寬敞的袖口要由窄漸寬**

因為旗袍的特色是厚質地與寬鬆的樣式，所以袖口要畫得像是呈放射狀展開。若在手背上加入陰影，就能產生立體感。

融合了兩個民族文化所產生的奢華服裝

以清朝普遍穿著的「立領、在肩膀交疊的衣襟、盤扣」為基本款式，並融合農耕民族的漢族與騎馬民族的滿族等兩個民族的服裝，在相互影響而成形的，就是旗袍。

一開始是像男性所穿的長袍一樣，袖子和腰身都很寬大。到了17世紀後半，在領子和袖口加上鑲邊，辛亥革命後，像現在這種細長的設計成為主流。上面的繡花具有意義，例如插圖中的「牡丹」代表富貴與身分、桃子代表長壽、石榴代表多子多孫等。繡花線上奢侈地使用金銀或真珠等，大量使用發揮女性之美的精湛繡花技巧。

➡ 其他角度

以苗條的上半身搭配寬敞的下半身設計為主的旗袍。為了不讓這樣的設計看起來顯得臃腫笨重，要加入細小的花紋與陰影來表現出衣服的張力。

【 側面 】

畫出服貼的上臂，與逐漸展開的寬鬆袖口，配合手部動作加入皺摺和陰影。

畫腹部時要留意合身與否，在矛盾的設計中塑造出女人味。

雖然是樣式寬大的裙子，不過下擺部分平緩的裙褶，以及隨著裙褶加上的陰影，可以在整張插圖上產生張力。

【 背面 】

覆蓋肩膀與肩胛骨部分的裝飾，像是沿著金色鑲邊一樣，在下側加入陰影就能讓畫面變得立體。

在手肘處加入生動的皺摺，讓服裝布料看起來不會太硬。袖口的線條也畫成曲線，就能帶出動感。

在裙子背面，加入看得出臀部線條的皺摺，以及在雙腿間畫上陰影以帶出動感。

上色 的訣竅

組合不同的圖層，表現出點綴服裝的花紋

利用發光圖層與加亮圖層來表現金色輝煌的線條。穿插金色、偏暗的顏色、橘色等色彩，用漸層色調來畫，就能表現出耀眼的感覺。加入整體性的光影時，不要用顏色填滿，要一邊考量平衡感，一邊一點一點慢慢決定接受光線的部分。

基本動作

上半身與下半身的合身度不同，所以配合姿勢加入皺摺的方式也會有所變化。

逐漸寬鬆的袖口也會受到動作的影響，要多加注意。

因為彎腰，所以假想視線定在比腳邊稍為前方之處來畫。

【 彎腰 】

因為腰部很合身，所以要加入橫向皺摺，以顯示出身體線條。

膝蓋下的皺摺會往下垂墜。配合手的動作，畫上能看出線條的皺摺。

讓腳邊的裙襬稍微張開，畫上皺摺與陰影，就能彰顯動作。

【 坐在椅子上 】

因為手肘稍微彎曲，所以要加入和緩的橫向皺摺。臀部會畫出衣服布料的鬆垮感。

上半身是合身的樣式，所以要在腋下到腹部間，加入強調胸型的皺摺。

由於手臂是稍微往前伸的動作，所以要在袖子上畫運動的皺摺。

【 蹲姿 】

胸前的裝飾要配合胸口起伏，而產生彎曲線條。在腋下的空隙加入陰影時，要留意空間。

因為膝蓋部分彎曲，所以膝蓋後面要畫上皺摺。

袖口上方要畫得像是能夠看出放著的手的線條，下方則順著小腿的線條垂下。

 **應用篇**

袖子或裙子下襬會產生動感,所以如果選擇跳舞、迎風等姿勢,則更能表現出畫面張力。

在扇子上畫出強烈的陰影來表現立體感。因為扭轉腰部,所以會產生像是從前面捲向背後的皺摺。

【 持扇跳舞 】

PART 1 歐洲

PART 2 美洲

PART 3 非洲

PART 4 中東

PART 5 亞洲

利用飄逸的裙襬來表現動作之生動。加入能看出雙腿交叉的皺摺。

因為是伸出手臂的動作,所以袖口會出現大大的空隙。

【 迎風行走 】

為了呈現出風是從左邊吹過來,要畫出頭髮的線條和貼在手臂上的衣服皺摺。

畫上皺摺,以展現手臂大力揮動的線條。

膝蓋部分受到風的影響,裙襬會貼在大腿和小腿上。

裙襬會因腿部動作與風的影響而大大地展開,所以要加入大片陰影。

123

赤古里裙

擁有鮮豔配色的韓國傳統服裝

☑ **髮型清爽**

把頭髮從瀏海開始高高地往上梳到後面固定,做出清爽的髮形,就能和服裝取得平衡。

☑ **注意長度的平衡**

上衣的長度很短,約蓋到胸口。注意重疊的衣領,畫出整潔的形象。

☑ **畫外側的裙子時要留意腿部**

由於腳被裙子蓋住,所以畫的時候要一邊想像骨架一邊繪製。

反映儒教的教義,從1500年前傳下來的正式服裝

這款服裝最大的特色是胸部的蝴蝶結與寬大的裙子,赤古里裙是遵循儒教「女性不應顯露身體線條」教義的民族服裝。從朝鮮半島新羅統一※的時候開始出現此款服飾,現在則變成在新年或婚喪喜慶等特別日子才穿的正式服裝。短上衣(Jeogori)和襯裙(Socchima),外面穿上有背心裙風格的裙子,最後打上韓服結(Otgoreum)就完成了。

袖口和裙襬上會為了避邪而繡上鳳凰或老虎等圖案,在陰陽五行思想根深蒂固的韓國,顏色也是重要的要素,例如單身女性被規定要穿紅色、已婚女性是紺藍色、年長者則是灰色等。

其他角度

畫的時候要注意身體在服裝中的動作。留意袖子略微寬鬆與裙子的寬大，別忘了適時加上陰影與皺摺。

【 側面 】

因為上衣是穿在裙子上方，所以上衣的下襬並不會貼合身體。

藉由緊緊抓起柔軟的裙子賦予畫面變化。

【 背面 】

在盤起來的髮型各處加入亮面，塑造立體感。

想像布料柔軟到足以讓人埋進去，仔細畫上陰影。

留意裙子與上衣的縫隙，在交接處畫上陰影。

只露出些許腳尖，可以帶出腳被遮住部分的存在感。

留意光線的反射，在裙子各處塗畫上色。

上色 的訣竅

加入光線反射，表現裙子的質地

比起上衣，裙子質地更為柔軟，要留意上下的差異，將上衣塗上比裙子還要強烈的顏色，因為裙子很長，要在下面部分畫上許多大片的陰影。此外，在上衣的領口塗上強烈的陰影，上下身交接的部分也要畫上較深的陰影，加上全身的布料質感都像綢緞一樣，所以不只是陰影，更要留意在適當處加上光線反射，就能更顯質感。

➡ 基本動作

畫的時候要留意身體在衣服裡的動作，注意上衣與裙子的平衡。也要注意裙襬堆積部分的皺摺與陰影的畫法。

【 彎腰 】

畫上從頭部落下的陰影，表現出彎腰的模樣。

用產生的皺摺，讓人聯想到裡面的雙腿呈現彎曲的動作。

因為是彎著腰，所以韓服結會受到地心引力影響自然垂落。

藉由加入橫向皺摺與強烈的陰影，表現出裙襬堆積的樣子。

【 坐在椅子上 】

藉由把手放在膝蓋上，帶出放鬆的感覺。

坐著的時候，腰圍的服裝會堆積起來，所以要畫上皺摺與陰影。

【 蹲姿 】

用加入陰影與皺摺的方式，表現出腳的方向。

用手撐著臉頰，營造出女人味。

藉由露出腳尖，帶出裡面的腳的存在感。

因為裙子下襬全堆積在地上，所以要畫上很多橫向皺摺與陰影。

應用篇

雖然不是大動作，不過因為裙子很寬大，所以要注意寬鬆的表現。【彈奏伽倻琴】中，為了在整體營造出專注感，要注意視線與指尖的畫法。

【 小跑步 】

為了容易看出在跑步，要讓胸前的結帶飄起。

因為奔跑，所以上半身會稍微往前傾。

因為裙子很長，所以用雙手抓著下擺跑。這時要注意裙子上產生的皺摺。

畫出蹬地的腳，塑造出另一隻懸空的腳的存在感。

【 彈奏伽倻琴 】

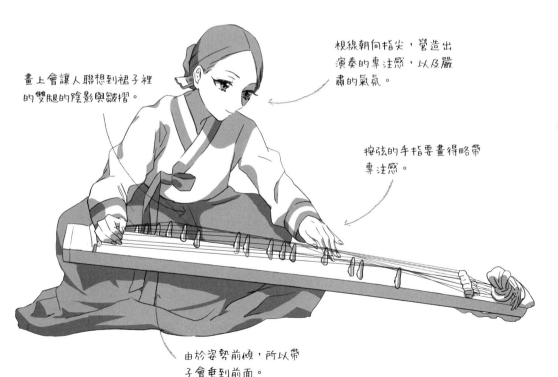

畫上會讓人聯想到裙子裡的雙腿的陰影與皺摺。

視線朝向指尖，營造出演奏的專注感，以及嚴肅的氣氛。

按弦的手指要畫得略帶專注感。

由於姿勢前傾，所以帶子會垂到前面。

白無垢

表現出雅致感的日本和服

☑ 要留意綿帽子裡的髮型

因為高高聳起的髮型支撐著綿帽子，所以畫的時候要一邊留意一邊取得良好平衡。

☑ 表現出領口的厚度

領口要束得緊緊的。因為白無垢有很多層，所以要仔細畫出衣領的重疊，表現出厚度。

☑ 營造袖子的寬闊美感

一邊留意服裝裡的雙腿，一邊將袖子的幅度以最流暢的線條展現。

蘊含了父母對女兒的祝福

新娘穿著白無垢，戴上輕飄飄的綿帽子的模樣，是為了展現出婚後「沾染夫家氣息」這種純粹雅致的深刻意義。白色，自古就被認為是神聖的顏色，平安時代以後，打掛、掛下、足袋（打掛是最外層的外套，掛下是穿在打掛下一層的白色和服，足袋是把姆趾和其他腳趾分開的二趾襪）、草鞋等婚禮服裝全都統一成純白色。放在胸前的懷劍，由來是過去嫁去武家的女性為了「在危急時自我保護」而攜帶的嫁妝。

綿帽子據說也是過去女性外出時，用小袖子遮住臉部所遺留下來的影響。代替綿帽子戴上的「角隱」，也有防止妻子變成魔鬼的意思，新娘服裝中蘊含了父母與家人對嫁去別人家的女兒的深深祝福。

其他角度

白無垢重要之處在於白色之美。為了塑造出質料的厚度與立體感，要注意加入陰影與皺摺的方式。腰帶部分的凹凸起伏，要畫上皺摺與陰影來表現。

【側面】

畫出挺胸的模樣，就會營造出肅穆的氣氛。

因為看不見從眼睛到後腦勺的部分，所以要一邊留意骨架一邊畫出綿帽子的形狀。

留意在裡面的雙腿，流暢地畫出寬闊的下襬。藉由在各處畫上陰影，表現出布料柔軟的質感。

【背面】

沿著頭型畫上陰影與皺摺。

疊在腰帶上的部分要加入陰影，塑造出凹凸感。

光線不易照到袖子內側，所以要畫上深的陰影。

腰部下方加入陰影，再把寬大的部分塗亮。

 上色 的訣竅

重現白色之美與紅色的鮮豔

白色的美，要留意質料的光澤感，確實決定光源之後再上色。在各處加入光線反射之後，可以帶出質料的微妙差異。襯托白色的紅，也要選擇紅色之中最鮮明的色彩。

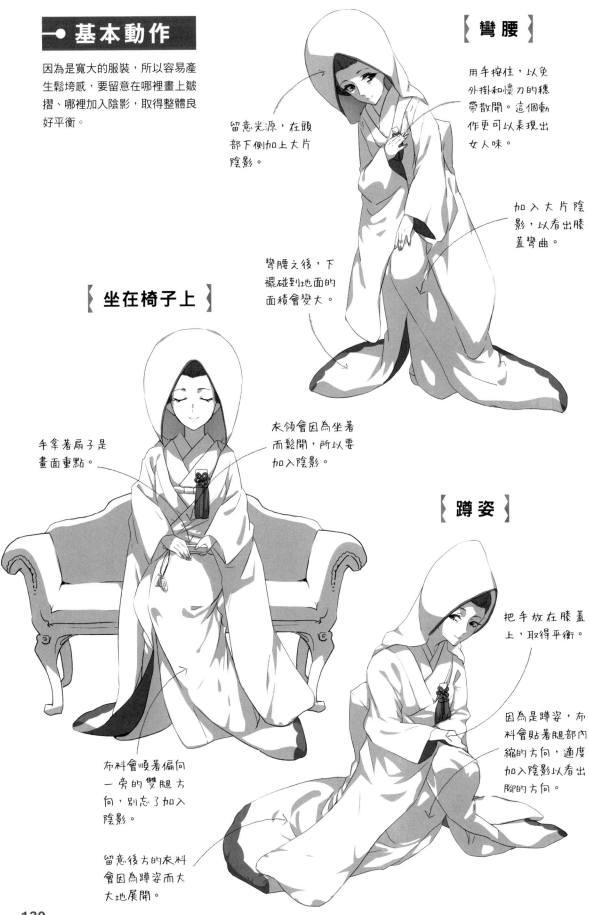

基本動作

因為是寬大的服裝，所以容易產生鬆垮感，要留意在哪裡畫上皺摺、哪裡加入陰影，取得整體良好平衡。

【 彎腰 】

留意光源，在頭部下側加上大片陰影。

用手按住，以免外掛和懷刀的穗帶散開。這個動作更可以表現出女人味。

加入大片陰影，以看出膝蓋彎曲。

彎腰之後，下襬碰到地面的面積會變大。

【 坐在椅子上 】

手拿著扇子是畫面重點。

衣領會因為坐著而鬆開，所以要加入陰影。

【 蹲姿 】

把手放在膝蓋上，取得平衡。

因為是蹲姿，布料會貼著腿部內縮的方向，適度加入陰影以看出腳的方向。

布料會順著偏向一旁的雙腿方向，別忘了加入陰影。

留意後方的衣料會因為蹲姿而大大地展開。

➊ 應用篇

應用篇中介紹兩種動作。每一種
姿勢都是藉由手部動作或雙眼，
來表現女性特有的嫻靜氣質。

【 以杯就口 】

為了看出穿著層
疊的服裝，畫上
有厚度的陰影。

仔細描繪指尖與臉
孔，以表現出女性
特有的纖細。

由於構圖上以拿著
酒杯的手與側臉為
主，所以下襬要畫
得簡單一些。

【 走 路 】

右手拿著扇子，另
一邊的手抓起袖子
是畫面重點。

左手稍微放低，和
往前伸的左腳取得
平衡。

將腳尖稍微往前跨
出，看起來像在走
路。因為雙腿幾乎都
埋在衣服裡，所以要
加入大片陰影。

和服

從平安時代開始，歷史悠遠的代表性服裝

稱呼會因加入花紋的方式、染布方式、素材等變化

長久以來受到大陸影響的日本服裝文化，約從平安時代開始有了獨自的進化，在江戶時代前期演變成現今和服的形態。和服全部以直線縫製，穿著時用腰帶綁住，不露出身體線條的設計是和服的特徵。以肌襦袢（內衣）、長襦袢（穿在和服下一層，防止和服被身體弄髒的長中衣）、和服的順序穿上，將領子交疊在右前方，用腰帶綁住。

雖然穿和服的人變少了，但現今的日本還留有在七五三（女兒三歲與七歲、兒子五歲時，要穿和服到神社祈求神明保佑），或是成年禮等日子穿著和服慶祝的習慣。插圖的「中振袖」※是未婚女性的正式服裝，腰帶綁的「太鼓結」，由來起於江戶・龜戶天神的太鼓橋落成。會因素材或加工方式而改變稱呼的和服，是日本歷史所蘊育出來的民族服裝。

CHECK POINT!

☑ **塑造魅力**
把頭髮往上梳或綁起來，塑造出嬌豔的魅力。加上髮飾更顯出女人味。

☑ **要清秀整潔不紊亂**
不會露出胸口肌膚，呈現端莊賢淑的女性氛圍。

☑ **腳的周圍呈直線**
雖然要留意包裹在衣服裡頭的雙腿線條，但重點是不要畫得太合身，皺摺也要畫得少，和服的線條多呈直線。

※「振袖」：以袖子的長度，分為「振袖」、「中振袖」、「小振袖」。

其他角度

和服能塑造出女人味，把頸部和手腕畫得稍顯纖細，可以讓女性纖細的特徵更為明顯。

【 側面 】

頸部線條要纖細，能表現出十分有精神的模樣。

從彎起的手指帶出女性羞澀的感覺。

在袖口加入一點陰影，表現出深度。

留意和服中的雙腿在前後左右都有些許空間，要把和服的下襬畫得像是自然垂落一般。

【 背面 】

因為領口後傾，所以要加入些許陰影。

在腰帶上著色，加上亮面帶出立體感。

加入少許陰影，以帶出臀部的存在感。

上色 的訣竅

注意不要加太多皺摺與陰影！

和服的質料比浴衣厚且紮實，所以注意不要加入太多細小的皺摺或陰影。畫年輕女性的時候，建議可以選用白色或淺粉紅等顏色。

⟶ 基本動作

難以看出身體線條的和服，畫陰影與皺摺時要讓畫面取得良好平衡，並注意袖子或下襬的構造不要模糊不清。畫的時候也要注意袖子或下襬因動作所產生的形狀。

【 彎腰 】

將頭部的影子畫在肩、頸上。

因手放在膝蓋上而露出的內側。在這裡加入陰影就能產生立體感。

手放在膝蓋上，所以袖子的下襬會稍微往前滑落。

加入皺摺和陰影，以看出膝蓋彎曲。

【 坐在椅子上 】

單手放在膝蓋上，營造出女人味。

因為袖子碰到椅子，所以要隨意加入陰影，帶出動作。

膝蓋部分到下襬畫入幾個陰影。

【 蹲姿 】

因為頭稍微往前傾，所以頸部要加入大片陰影。

在光照不到的膝蓋下面，大膽地加入大面積的陰影。

把手肘靠著膝蓋取得平衡。

※為了清楚展現布料會產生的線條、皺摺與陰影，因此本頁與下一頁的布料上皆省略圖紋的繪製。

─● 應用篇

難以做出激烈動作的和服，要注意手和視線的設計以表現出女人味。也要注意產生一點點動作的皺摺與陰影的加入方式。

【 拿著小包包走路 】

像是在確認腳邊東西似地向下看，所以頸部周圍會產生陰影。

小包包掛在指尖，手肘會轉向前方。

讓袖子下襬輕輕揚起，表現出被風吹拂的感覺。

因為在前方的右腳彎曲，所以要加入皺摺與陰影以帶出右膝的線條。

【 撐傘 】

視線稍微朝向後方，畫出轉頭的模樣。

用雙手輕輕拿著傘的姿態表現出女人味。

因為彎曲手肘往上抬，所以要注意畫陰影的方式。

加入可以看出稍微轉身向後的皺摺與陰影。

琉裝

從獨特的花紋與色調中散發出異國情調的芬芳

☑ **注意花樣**
不要設計得太雜亂
因為色彩多變，為了避免過於雜亂，
要均衡地配置花紋。

☑ **塑造出寬鬆感**
從肩膀延伸出來的外掛，因為通風良
好又寬大，畫的時候不要製造太沉重
的感覺。

☑ **以鮮豔的色調為主**
主要以黃色或紅色等鮮豔的顏色來配
色，藉此表現出南國的風味。

從琉球獨特的文化中誕生的民族服裝

琉球王國自古以來就政權獨立，也擁有其獨特的文化，更與各國有過交易。16世紀確立身分制度後，使用在服裝上的顏色與圖案，甚至連布也受到規範。那個時代的傳統服裝就是琉裝，通風良好的質料與寬大袖子的設計，使得穿著起來相當舒適，帶有熱帶氣息更是琉裝的特色。不用寬腰帶而用細帶子束起，再穿上輕飄飄的衣服搭配，這種衣服便稱為紅型，是沖繩獨特的染布方法，插圖中的黃色只有身分地位最高的人才能穿，是令人嚮往的顏色。沖繩不過七五三節，而是在出生的生肖年慶祝生年（Toushibi），到13歲時，女性會穿琉裝拍攝紀念照。

➡ 其他角度

由於這是寬鬆的服裝，所以特徵是手肘、腰部、腹部附近容易出現鬆垮感。要留意服裝的構造，在適當的地方畫上皺摺與陰影。

【 側面 】

領子與和服相同，稍微後傾。

把腹部的外掛畫得有一點鬆垮。

寬大的袖子連接到背後，要掌握住這個構造來畫。

用皺摺與陰影產生立體感，表現布的質感。

【 背面 】

在背後的衣料畫上多條從袖子衍生過去的皺摺。

彎曲的手臂關節下面會堆積不少皺摺。

袖子與後背銜接處要加入稍強的陰影。

為了不要失去色彩的鮮豔感，注意不要加入太多陰影

為了表現出衣服的質感，要使用像效果線一樣的斜線筆觸。由於衣服上有很多五顏六色的圖紋，所以要注意色彩的平衡，以配合色調塑造統一感。為了不損害鮮豔的顏色，要留意別在有很多彩色圖案的地方畫上太多陰影。為了讓人容易注意到臉蛋與頭上的裝飾品，頭髮上的扶桑花要畫上高彩度的顏色。

137

●基本動作

雖然琉裝不容易看出身體線條，不過因為質地輕盈，服裝本身容易產生動感。因此構圖時要留意哪一處會與哪一處連動，這點很重要。

【 彎腰 】

手放在膝蓋上，袖子會有一部分掛在大腿上，所以要用皺摺與陰影來表現。

從膝蓋附近垂到外側的布會有弧度。

【 坐在椅子上 】

因為是坐姿，外掛會在腹部處顯得寬鬆。

多出來的袖子會從大腿外側垂直落下。

畫出像是捲入椅子座面與大腿之間的皺摺。

【 蹲姿 】

產生從膝蓋展開的裙摺。

畫出朝向彎曲的手肘內側的皺摺。

在垂下來的袖子上加入幾條偏圓弧的向下皺摺。

━● 應用篇

在這裡試著畫出只有南國才有的
兩種姿勢吧！畫的同時想像身體
在服裝中的骨架，就能更容易取
得整體平衡。

【 彈奏三味線琴 】

畫出從腋下或
背部朝向彎曲
手肘的皺摺。

被三味線琴壓
住的前襟布
料，會積在腹
部中央一帶。

因為雙腿站得
筆直，所以皺
摺也會筆直垂
落。

【 跳EISA舞 】

因為手臂大幅度
伸展開，所以袖
子上和下擺會產
生大條的皺摺。

因為右腳往前
跨出，皺摺會
從小腿肚延伸
開來。

因為左腳深蹲，
營造出大腿支撐
全身的立體感。

\ 穿穿看吧！/

買得到民族服裝的店家介紹

在此介紹可以實際買到像是紗麗或越式旗袍等民族服裝的店！
請一定要去體驗一下，拿起實物看過之後，才能體會到的服裝之美。

Indosarasa的店

地址：〒170-0013 東京都豐島區東池袋2-45-2 SARASA大樓 1F
公休日：週三、第2與第4個週二（如遇假日會營業）
有時會因進貨等原因而變動，請至官網確認。
電話（傳真）：03-3985-6717
URL：http://www.indosarasa.com/

店家的話

從華麗到雅致的款式，收羅了豐富齊全的亞洲民族服裝，請務必前來
造訪！

Kuriko

地址：〒110-0001 東京都台東區谷中2-9-9
公休日：週一、週三（如遇假日會營業）
會因採購而休息（會刊登在官網和部落格上）
電話：03-5834-1511
URL：http://kuriko.info

店家的話

匈牙利和保加利亞等，陳列了在東歐遇見的古老刺繡、民族服裝與雜
貨等物品。

印度、阿拉伯雜貨專賣店CICI！

地址：〒162-0825 東京都新宿區神樂坂4-6神樂坂館II（3F）
※一律採預約制
公休日：無
電話：080-3150-6966
URL：http://www.cici.jp/

店家的話

出租和販售印度、阿拉伯民族服裝的專門店。經常使用於婚禮、萬聖
節或電視攝影等。

◆ 本書所刊載的服裝 地點的分布

維京服裝(P.28)
帕尼(P.32)
蘇格蘭裙(P.12)
法國宮廷禮服(P.16)
夏瓦爾(P.94)
旗袍(P.120)
尼奧塔(P.20)
托加長袍(P.8)
克伊雷克(P.104)
赤古里裙(P.124)
魁納克(P.100)
白無垢(P.128)
納瓦霍服(P.42)
美式牛仔裝(P.50)
摩洛哥長衫(P.64)
波卡罩袍(P.86)
和服(P.132)
印地安裝(P.38)
朔明爾洋裝(P.24)
紗麗(P.108)
琉裝(P.136)
凱斯凱米特披肩(P.54)
立比亞連身裙(P.60)
阿拉伯大長袍(P.90)
越式旗袍(P.116)
肯特(P.68)
布布(P.76)
庫巴王國的服裝(P.80)
肯加(P.72)
泰式套裝(P.112)
高卓式牛仔裝(P.46)

※也有現今已不存在的國家。圖中為大概的位置。

◆ 參考文獻

- 《絵師で彩る世界の民族衣装図鑑》（鉛筆俱樂部／編、Side Ranch）

- 《世界の民族衣装の事典》（丹野 郁／監修、東京堂出版）

- 《テキスタイルパターンの謎を知る》（Clive Edwards／著、Gaia Books）

- 《世界の模様帖～テキスタイルにみる伝承デザイン》（江馬 進／著、青幻社）

- 《ヨーロッパの民族衣装(衣装ビジュアル資料)》（芳賀日向／著、Graphic社）

- 《アジア・中近東・アフリカの民族衣装(衣装ビジュアル資料)》（芳賀日向／著、Graphic社）

- 《カワイく着こなすアジアの民族衣装》（森 明美／著、河出書房新社）

- 《世界の衣装 Clothes》（Aflo＋芳賀Library／著、PIE International）

插畫家介紹

介紹這次參加的插畫家！
一併放上大家將多采多姿的民族服飾完稿後的感想評語。

くろでこ

在這之前都沒有仔細觀察過民族服裝，讓我學到非常多東西！十分感謝。

刊載於 P8-15、P98、P90-97、P100-103
http://www.pixiv.net/member.php?id=1426321

みよしの

大家好，我是みよしの。這次畫的服裝樣式讓我自己學到了很多。謝謝大家。

刊載於 P16-27
http://minosiba.tumblr.com

pon-marsh

感謝這次能有這個機會來畫民族服裝。我本身畫得十分開心，同時也學到了很多。

刊載於 P28-31、P38-49
http://cielo-blu.ciao.jp/
http://www.pixiv.net/member.php?id=5093857

ヒラコ

因為平常比較沒有機會連服裝背面都調查，所以上了非常寶貴的一課，畫得十分開心！

刊載於 P32-35、P58
https://twitter.com/hirakom

みり

大家好，我是みり。這次合作得到很多畫服裝的機會，讓我學到很多。若我的畫能為各位產生助益，實為榮幸。

刊載於 P50-57、P60-63
http://www.pixiv.net/member.php?id=3424290

yuui

這次我負責三款民族服裝。很多是花樣繁多的服裝,要一邊留意皺摺一邊作畫實在很難。學到了負責地區的文化與服裝,畫得很開心!

刊載於 P36、P64-75

山本恭代

因為有很多是平常不會畫到、很難出現身體線條的服裝,所以工作時經過一番苦戰。另外,也得到描繪民族花紋的寶貴機會,真的很感謝!

刊載於 P76-83、P86-89、P84

鶴島たつみ

這次我畫了個人喜歡的服裝,真的很開心!哎呀,民族服裝真是好東西呢~

封面插畫、P5-6、P104-115、136-139
http://rainys7718.wix.com/tsurushimatatsumi
https://twitter.com/tsuru_oden

ume

雖然以前曾經畫過民族服裝,不過這次也發現到以前不曾注意到的地方,學到了很多。十分感謝。

刊載於 P116-123

ゆーら

我負責三款服裝,能夠接觸到每件服裝的特徵與不同之處,真的很棒!

刊載於 P124-135
http://yura82pb.tumblr.com
https://twitter.com/82yura

【日文版工作人員】
編輯人員　角田領太（フィグインク）
設計　　　中川智貴（スタジオダンク）
撰文　　　元井朋子

國家圖書館出版品預行編目資料

360度全視角！世界民族服飾繪畫技法 / 玄光社
編著；梅應琪譯. -- 初版. -- 臺北市：臺灣東販,
2015.08
　144面；18.2×25.7公分
　ISBN 978-986-331-800-2（平裝）

1.服飾 2.繪畫技法

423.2　　　　　　　　　　　104012018

UGOKI DE MIRU MINZOKU ISHOU NO
KAKIKATA
© GENKOSHA Co.,Ltd.
Originally published in Japan in 2015 by
GENKOSHA Co.,Ltd.
Chinese translation rights arranged through
TOHAN CORPORATION, TOKYO.

360度全視角！

世界民族服飾繪畫技法

2015 年 8 月 1 日初版第一刷發行
2018 年 1 月 15 日初版第二刷發行

編　　著　玄光社
譯　　者　梅應琪
副 主 編　陳其衍
美術編輯　黃盈捷
發 行 人　齋木祥行
發 行 所　台灣東販股份有限公司
　　　　　＜地址＞台北市南京東路4段130號2F-1
　　　　　＜電話＞(02)2577-8878
　　　　　＜傳真＞(02)2577-8896
　　　　　＜網址＞http://www.tohan.com.tw
郵撥帳號　1405049-4
法律顧問　蕭雄淋律師
總 經 銷　聯合發行股份有限公司
　　　　　＜電話＞(02)2917-8022
香港總代理　萬里機構出版有限公司
　　　　　＜電話＞2564-7511
　　　　　＜傳真＞2565-5539